策略選擇

掌握解決問題的過程，面對複雜多變的挑戰

YOUR STRATEGY NEEDS A STRATEGY

HOW TO CHOOSE AND EXECUTE THE RIGHT APPROACH

馬丁‧瑞夫斯 Martin Reeves
納特‧漢拿斯 Knut Haanaes
詹美賈亞‧辛哈 Janmejaya Sinha
——合著

王喆、韓陽
——合譯

廖天舒 Carol Liao
魏傑鴻 Jeff Walters
徐瑞廷 JT Hsu
——監譯

Your Strategy Needs a Strategy: How to Choose and Execute the Right Approach
Original work copyright © 2015 The Boston Consulting Group, Inc.
Published by arrangement with Harvard Business Review Press through BARDON-CHINESE
MEDIA AGENCY.
Chinese (in complex characters only) translation copyright © 2017 by EcoTrend Publications, a
division of Cité Publishing Ltd.
ALL RIGHTS RESERVED.
本繁體中文版譯稿由中信出版集團股份有限公司授權使用

經營管理 140

策略選擇：
掌握解決問題的過程，面對複雜多變的挑戰

作　　　者	馬丁‧瑞夫斯（Martin Reeves）、納特‧漢拿斯（Knut Haanaes）、 詹美賈亞‧辛哈（Janmejaya Sinha）
監 譯 者	廖天舒（Carol Liao）、魏傑鴻（Jeff Walters）、徐瑞廷（JT Hsu）
整 合 協 力	陳映均（Jenny Chen）
譯　　　者	王喆、韓陽
責 任 編 輯	文及元
行 銷 企 畫	劉順眾、顏宏紋、李君宜

總 編 輯	林博華
發 行 人	涂玉雲
出　　　版	經濟新潮社
	104台北市民生東路二段141號5樓
	電話：(02)2500-7696　傳真：(02)2500-1955
	經濟新潮社部落格：http://ecocite.pixnet.net
發　　　行	英屬蓋曼群島商家庭傳媒股份有限公司城邦分公司
	台北市中山區民生東路二段141號11樓
	客服專線：02-25007718；25007719
	24小時傳真專線：02-25001990；25001991
	服務時間：週一至週五上午09:30-12:00；下午13:30-17:00
	劃撥帳號：19863813　戶名：書虫股份有限公司
	讀者服務信箱：service@readingclub.com.tw
	城邦網址：http://www.cite.com.tw
香港發行所	城邦（香港）出版集團有限公司
	香港灣仔駱克道193號東超商業中心1樓
	電話：25086231　傳真：25789337
	E-mail：hkcite@biznetvigator.com
新馬發行所	城邦（新、馬）出版集團 Cite（M）Sdn. Bhd.（458372U）
	41, Jalan Radin Anum, Bandar Baru Sri Petaling,
	57000 Kuala Lumpur, Malaysia.
	電話：603-90578822　傳真：603-90576622
	E-mail：cite@cite.com.my
印　　　刷	漾格科技股份有限公司
初 版 一 刷	2017年8月8日
初 版 六 刷	2020年2月10日

城邦讀書花園
www.cite.com.tw

ISBN 978-986-94410-8-7　　　　　　　　　　版權所有‧翻印必究

售價：NT$ 480　　　　　　　　　　　　　　　　Printed in Taiwan

【出版緣起】
我們在商業性、全球化的世界中生活

經濟新潮社編輯部

　　跨入二十一世紀，放眼這個世界，不能不感到這是「全球化」及「商業力量無遠弗屆」的時代。隨著資訊科技的進步、網路的普及，我們可以輕鬆地和認識或不認識的朋友交流；同時，企業巨人在我們日常生活中所扮演的角色，也是日益重要，甚至不可或缺。

　　在這樣的背景下，我們可以說，無論是企業或個人，都面臨了巨大的挑戰與無限的機會。

　　本著「以人為本位，在商業性、全球化的世界中生活」為宗旨，我們成立了「經濟新潮社」，以探索未來的經營管理、經濟趨勢、投資理財為目標，使讀者能更快掌握時代的脈動，抓住最新的趨勢，並在全球化的世界裏，過更人性的生活。

　　之所以選擇「經營管理―經濟趨勢―投資理財」為主要目標，其實包含了我們的關注：「經營管理」是企業體（或非營利組織）的成長與永續之道；「投資理財」是個人的安身之道；而「經濟趨勢」則是會影響這兩者的變數。綜合來看，可以涵蓋我們所關注的「個人生活」和「組織生活」這兩個面向。

　　這也可以說明我們命名為「經濟新潮」的緣由――因為經濟狀況

變化萬千，最終還是群眾心理的反映，離不開「人」的因素；這也是我們「以人為本位」的初衷。

　　手機廣告裏有一句名言：「科技始終來自人性。」我們倒期待「商業始終來自人性」，並努力在往後的編輯與出版的過程中實踐。

【導讀】
巨變時代的策略經典

文／徐瑞廷（波士頓顧問公司〔BCG，Boston Consulting Group〕合夥人兼董事總經理、BCG台北分公司負責人）

　　過去，經營者在制定策略目標時，習慣線性思考，複製自己的成功經驗，守住擅長領域，不斷精進優化，希望藉此獲得更大的成功。

　　例如台灣高科技產業在製造產品時，大多依附在國際大廠下，依循他們設定的遊戲規則或規格，透過大量生產來壓低成本、提高良率，而這套模式也幾乎等於台灣經濟發展的基石。

　　然而，當環境變動快速，遊戲規則改變之際，如果企業依然只懂得追求量和降低成本，可能無法開創新局，甚至遭到市場淘汰。

　　有鑑於此，波士頓顧問公司（BCG）資深合夥人馬丁・瑞夫斯（Martin Reeves）與納特・漢拿斯（Knut Haanaes）和詹美賈亞・辛哈（Janmejaya Sinha）合著的《策略選擇》（*Your Strategy Needs A Strategy*），可以說是 BCG 近十年發表過最具突破性的商業概念，陸續在歐美、中國、日本引起迴響。

因應產業環境制定策略，了解策略調色板的五種原型

　　我和幾家台灣企業的高層聊過之後，發現這本書對於在這塊土地上努力打拚的產業界也能帶來啟發。這本書點出企業領導者與主管們無法為外人道的困境，那就是產業環境變化太快，以往制定策略的方式早已落伍。

　　瑞夫斯等人在本書中提出思考的新角度，那就是隨著局勢變化，企業領導者和主管在制定策略時，應該有一套「選擇制定策略方式的策略」，針對產業環境或事業處境，量身挑選、打造最合適的管理工具。

　　這個方法稱為「策略調色板」（strategy palette），以產業環境的「可預測性」（predictability，企業能否預測商業環境未來的發展變化）、「可塑性」（malleability，企業是否能夠獨立或者以合作的方式重塑商業環境），以及「環境嚴苛性」（harshness，企業能否在商業環境中生存），以三軸對應五種產業環境與策略原型。

1. 經典型（classical）策略：
因應「能夠預測，但無法改變」的環境，制定「做大」的策略

　　產業未來明確可見，無法改變。鋼鐵、石油、電信等產業的環境變動性較低，未來發展容易預測，單憑一家企業的力量無法扭轉產業發展。身處於這種環境的公司，最好跟著整體經濟發展，穩定複製成功經驗，盡可能擴大規模、提高市占。

2. 適應型（adaptive）策略：
因應「無法預測，也無法改變」的環境，制定「求快」的策略

　　產業發展方向模糊，難以帶來變革。典型的例子就是網路產業，

因為市場變化太快，沒人知道下個月或下一年會走向何方，難以帶來產業變革。最適當的做法是放棄追求效率和規模最大化，藉由大量試錯（trial and error），找出最能被市場接受的策略。

3. 願景型（visionary）策略：
因應「能夠預測，也能夠改變」的環境，制定「搶先」的策略

　　產業未來明確可見，有機會獨霸一方。如同許多企業認定機器人未來商機巨大，現在就開始大量投資，增聘人員、擴增設備、投入研發。只要經營者心中有明確的藍圖，知道 3～5 年後能夠回收，就全力投資、勇往直前吧。

4. 塑造型（shaping）策略：
因應「不能預測，但能夠改變」的環境，制定「協調」的策略

　　產業發展模糊，有機會建立新規則。不過，這個策略對台灣企業來說比較困難。當沒人知道市場會往哪裡走，但是人人都有機會引領產業發展方向的時候，企業應該盡快建立以自己為中心的生態系統（ecosystem），就像蘋果公司（Apple）創造的 App Store 定義了業界規格、下載方式和收益方式，等於制訂出產業的遊戲規則。

5. 重塑型（renewal）策略：
因應「企業資源嚴重受限」的環境，制定「求存」的策略

　　在嚴酷的環境中，當外部環境變差，導致目前的經營方式無法維持時，保存資源或騰出資源，尋求轉型與變革，藉此重新塑造企業的活力與競爭力。

兼顧拓展本業與探索新事業，培養同時解決矛盾的能力

在商業環境中，企業需要同時或先後運用多種策略，才能因應商業環境的變化，不僅現階段保持本業獲利的拓展（exploitation），同時進行新事業的探索（exploration）以確保能夠在未來生存。

然而，在大企業中，本業與新事業之間經常產生矛盾，眼前的本業必須維持獲利穩定才能活在當下，又要探索創新才能迎向未來，究竟如何同時解決看似矛盾的問題？

2016年，瑞夫斯來台與企業高階主管分享本書時，特別強調「雙元性創新」（ambidexterity）。這個字的原意是指能左右手都能熟練地使用，引申為雙管齊下或兼容並蓄。

本書中，雙元性創新是組合並應用策略調色板五種策略原型的能力，企業可以依據所在地區、產業、功能與企業生命週期的不同，因應複雜多變的商業環境，量身打造合適的策略方法。

瑞夫斯指出，現代企業想要生存，必須像網球高手一樣，左右手都能擊出強而有力的球。因此，避免將策略調色板視為僵化的框架，應該更彈性地搭配活用。

舉例來說，目前有些企業已經針對不同的事業體和部門，混合使用兩種策略原型，像是科技大廠華為的案例經驗值得借鏡。

「該公司在奮力成為全球知名的通信設備製造商之後，2011年正式從B2B（business-to-business）跨入B2C領域，推出自有品牌的手機。」這個句話就講完的策略，背後卻是涉及了組織內部自我顛覆的改革，畢竟公司長年聚焦於大量生產、撙節成本、客戶服務，而這些優勢和專長，無法直接套用在販售手機給消費者的業務上。

　　從2011年起，華為投入大量資源進行市調、調整組織結構及布建通路，在人員配置、銷售管理、服務思維上都做了大大小小的變革，才逐步在製造商的基礎之下，增加員工對市場的敏感度，成功形塑出自有品牌，在手機市場站穩全球第三的位置。

　　值得注意的是，華為在嘗試開發新事業的同時，並沒有停止耕耘原本的通信設備 B2B 業務，只是以左右開弓、兼容並蓄的方式做生意。這才是瑞夫斯所談的，「企業應該活用不同策略原型，參照所處的產業環境做出因應，才能生存下去」。

如果不設法自我顛覆，只有等著別人顛覆你

前述的華為是雙元性創新的成功案例，從另一個角度思考，究竟是什麼原因，導致企業無法成功兼顧本業與新事業？

記得有一次，我前往越南拜訪客戶，他們是產業內前幾名的大集團，本業績效卓著。在網路與科技的大趨勢下，該公司高階主管也都體認到發展新事業的重要性。可是，每次一談起「創新專案」，許多產業優等生就退縮了。有些是缺乏危機意識，認為沒必要變革；有些顧忌本業還有不錯的獲利，因此不敢大膽創新；有些則缺乏自我顛覆的新思維。

這群人往往被思考慣性或成功模式綁架，難以開創新未來。這通常不是單一企業遇到的問題，幾乎每位經營者都眼睜睜看著新科技來勢洶洶，或是原本不屬於這個產業的外來者侵門踏戶，破壞產業既有的遊戲規則，雖然著急地成立新事業的研究團隊，但最後成功找出新方向的企業卻微乎其微。

瑞夫斯以企業的「動態性」（dynamism，指產業環境的變動程度）和「多樣性」（diversity，指公司經營範疇的多元性）為兩軸，區分出四種可行做法，協助企業在既有事業之外，發展新的獲利模式：

1. 分離（separation）

當產業環境變動程度低，而公司要拓寬經營的範疇、變得更為多元，就可以考慮拆分旗下的事業部，獨立於公司之外。

像是西南航空（Southwest）這類低價業者逐步瓜分市場時，傳統大型航空公司雖然也相應成立低價航空，卻多半以失敗收場。

　　最成功的案例就是由澳洲航空（Qantas）成立的捷星航空（Jetstar），其成功關鍵在於澳航讓捷星徹底獨立，不僅總部設在不同城市，捷星大部分的人才也從外部延攬，並不是從澳航內部調派，使得捷星徹底脫離了傳統航空的思維，以全新方式經營低價航空事業，最終才能取得成功。

2. 轉換（switching）

　　如果企業所處的環境變動性較高時，持續探索自有技術可以應用到哪些領域。

　　以玻璃製造商康寧（Corning）為例，該公司每年除了銷售既有項目（LCD電視和行動設備的玻璃面板，通信網路的光纖和電纜，光學生物感測器等等），也持續投資研發，由新的研究小組進行創意性探索。智慧型手機的玻璃螢幕 Gorilla Glass，就是康寧探索出的新路，從探索型產品轉變為新的財源。

　　採取此策略時，企業必須格外留意新事業和本業需要不同的管理方式、人事制度、績效考核，否則新事業很容易因為賺不到錢，在公司內沒有發聲權，搶不到好人才和資源，難有機會壯大。

3. 自我組織（self-organizing）

　　事業範疇較廣，各領域的變化速度又快，可採取這項策略。賦權給事業單位自行決策，並為結果負責，讓每個創新計畫各自成立新事業單位，以即時因應所屬領域的變化，也能視需求調整管理的制度和風格。

　　此時，母集團應該梳理公司架構，制定明確的遊戲規則，包含研究團隊達成哪些條件就能成立新事業、虧損到哪個程度就必須退場、各事業體中哪些資源可以共享。

海爾集團就是採行這套策略，發展出近 2000 個事業單位，各自有營運計畫、策略目標和損益表，靈活因應市場變化，推出新產品，成功跨足家電、藥品、通訊、軟體、物流、金融等領域。

4. 外部生態系統（external ecosystem）

當企業面對的環境太過複雜、難以預測，可以試著仿效蘋果（Apple）的做法。為了讓手機應用程式（App）符合各地消費者的需求，蘋果應用程式商店（Apple's App Store）成為程式上架平臺，制訂一套 App 運作規格，以及上架、下載和收費的流程，廣邀全世界程式開發者共襄盛舉。

蘋果公司無法預測哪些 App 會被用戶刪除或保留，但是只要外部創新者持續增加，自然會有爆紅或長銷款出現。換句話說，蘋果公司 不必太費心開發 App，只要平臺管理好，全世界的開發者都會來幫忙。

許多產業都感受到翻天覆地的變化，如果你尚未感受到這股顛覆的力道，不妨自問這個問題：「如果另一個與我所屬產業不相干的企業龍頭，宣布進軍我所屬的產業，我該怎麼辦？」

像是六月間，亞馬遜（Amazon.com）宣布收購全美最大天然有機食品連鎖零售商 Whole Foods Market。電商收購超市，虛實整合，這不是遠在天邊的新聞，就在我們眼前發生。

以往我們都以為翻天覆地的變化需要很長時間，但是，現在你我都身處其中，沒有人能夠逃避。希望這本書，能夠提供所有在巨變時代中的企業經營者和主管們，面對混沌、解決矛盾從而奮力求生的線索。（本文改寫自《經理人月刊》徐瑞廷專欄「管理顧問的工具箱」）

【推薦序】
新經濟‧新思維‧新策略

文／金聯舫（清華大學科技管理學院副院長兼EMBA‧MBA執行長、
聯發科技董事兼顧問，曾任台積電資深副總經理、
前IBM微電子部全球業務暨服務副總裁）

　　過去十年，全球經濟結構經歷巨大及快速的轉變，影響的層面前所未見。當今世界上市值最高成長最快的公司不再是GE（General Electric Company，奇異）、GM（General Motors，通用汽車）或IBM，而是GAFA（Google、Apple、Facebook、Amazon）及BAT（百度〔Baidu〕、阿里巴巴〔Alibaba〕、騰訊〔Tencent〕）；全球最大的出租汽車公司是一家沒有擁有一輛出租汽車的Uber；全球最大旅遊住宿公司是一家沒有一間房間的Airbnb；全球最大的零售商不再是沃爾瑪（Walmart），而是以電子商務為主的Amazon及阿里巴巴；全球最大雲端計算服務的供應商不是IBM，而是Amazon。

　　新經濟時代我們看到是：產業的界限（boundary）逐漸在消失中；經濟結構由實體經濟走向數位經濟；企業的資產由實體資產轉變成平臺及大數據。在這新經濟結構巨大衝擊下，企業應該如何制定因應的新策略是所有企業憂心重重的課題。但是，大多數公司策略制定還是延續過去數十多年的傳統模式，這種模式是建立在三個主要基礎上：麥可‧波特（Michael E. Porter）的「競爭策略」（Competitive Strategy）及「五力分析」（Five Forces Model），普哈拉（C. K.

Prahalad，1941-2010）與蓋瑞‧哈默爾（Gary Hamel）的「企業核心能力」（Core Competence of the Corporation），以及克雷頓‧克里斯汀生（Clayton M. Christensen）的「創新策略及破壞式創新」（Disruptive Innovation）。

隨著新經濟的發展，傳統策略規畫的模式及方法已經出現嚴重不足和缺陷，企業迫不及待需要新的策略思維及方法。近年有兩本書對新經濟時代新策略的思維有了精闢的分析及突破的見解：一本是哥倫比亞大學商學院（Columbia Business School）教授莉塔‧岡瑟‧麥奎斯（Rita Gunther McGrath）的《瞬時競爭策略：快經濟時代的新常態》（*The End of Competitive Advantage: How to Keep Your Strategy Moving as Fast as Your Business*，繁體中文版由天下雜誌出版），另外一本就是波士頓顧問（BCG，Boston Consulting Group）資深合夥人兼董事總經理的馬丁‧瑞夫斯（Martin Reeves）及兩位同事寫的《策略選擇》（*Your Strategy Needs a Strategy: How to Choose and Execute the Right Approach*），這兩本書為企業提供很好的新經濟結構下規畫因應策略的藍圖及方法。

《策略選擇》這本書點出了現行企業經營困境：傳統制定策略的做法，跟不上環境變化的速度！為了因應複雜多變的商業環境，作者提出新的思維角度：傳統策略模式不是沒用，只是隨著世界變化，企業在制定策略時，應該先有一套「制定策略的策略」，根據事業的處境，量身打造最合適的策略模式及方法。

BCG 是企業策略領域中公認的領頭羊，創辦人布魯斯‧亨德森（Bruce Henderson，1915-1992）一九六八年提出「經驗曲線」（Experience Curve）、一九七〇年提出「成長矩陣」（Growth–Share Matrix，或 Product Portfolio Matrix，亦稱為BCG矩陣〔BCG

Matrix〕），是現代策略模式的開端，至今還是廣泛地使用。

　　本書作者之一的瑞夫斯是 BCG全球策略智庫（BHI，The BCG Henderson Institute）的負責人，是全球知名的策略大師。他在 2016年來台灣時，本人與他在國內兩家科技公司訪問中詳談過，對他書中提出的理論及方法有所認識。之後也利用他的書中的理論及方法為國內數家企業做策略規畫的 Workshops，有很好的結果。我相信這本書對所有的企業都會有不同程度的幫助，在此推薦給讀者共享之。

────── 目 錄 ──────

BOX

第三章　適應型策略：求快　99

第六章　重塑型策略：求存　209

┌─ BOX ─────────────────────────────

- 你可能已經知道的事　215

- 你是否處在重塑型商業環境中？　220

- 惡劣環境中的策略模擬　230

- 你的行動是否符合重塑型策略？　242

- 成功企業也需要改變　245

└───────────────────────────────────

第七章　雙元性創新：變通　249

> **BOX**
> - 你你可能知道的事　253
> - 克服雙元性創新挑戰：自我調整規則和自我
>   進化組織　265

> **BOX**
> - 不同策略所面臨的問題　288

第一章　緒論：你的策略有什麼策略

如何正確選擇並執行企業策略

　　策略是通往目的的手段，是取得最佳商業成果的路徑。提到策略，我們會不由自主地想到規畫：審時度勢、確立目標並詳細擘畫達到該目標的各個步驟。長久以來，規畫是商業策略的主流：董事會議中是這樣，商學院課堂上也是如此。然而，有效的商業策略從不侷限於這個種方法。石油公司會制定為期數十年的規畫，但這對每天都要面對新產品和新競爭者的軟體公司執行長來說可能並不合適，軟體公司在制定策略時會更傾向於隨機應變、把握時機。上述的長期規畫，對於正在創造並推廣新產品或新商業模式的創業者來說也不適用。我們應當採取哪些方法制定策略？何種策略在何種情況下最為有效？這便是本書要回答的核心問題。此外，我們也會向讀者展示，選擇合適的策略所創造的價值是多麼顯著。

　　和過去相比，今天我們所面對的商業環境益發千變萬化、難以捉摸。其原因有多個，其中包括全球化、科技快速發展、經濟環環相扣等。但很多人可能沒有注意到我們所面對的商業環境已日益**多樣化**，而且涉及**層面**也持續擴大。

　　特別是大型企業，它們在拓展業務過程中所面對的商業環境日漸複雜，而且變化日新月異（圖 1-1）。企業必須選擇合適的策略方法或策略組合，而且要隨著環境的變化不斷調整。

　　一刀切的模式早已**不再**適用。

【圖 1-1　商業環境差異日益增大】

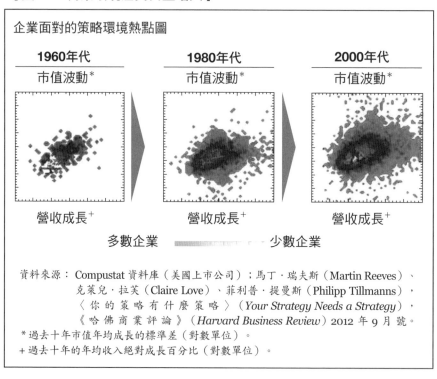

企業面對的策略環境熱點圖

1960年代	1980年代	2000年代
市值波動*	市值波動*	市值波動*

營收成長+　　　　營收成長+　　　　營收成長+

多數企業 ▬▬▬▬▬▬▬ 少數企業

資料來源：Compustat 資料庫（美國上市公司）；馬丁‧瑞夫斯（Martin Reeves）、克萊兒‧拉芙（Claire Love）、菲利普‧提曼斯（Philipp Tillmanns），〈你的策略有什麼策略〉（*Your Strategy Needs a Strategy*），《哈佛商業評論》（*Harvard Business Review*）2012 年 9 月號。
*過去十年市值年均成長的標準差（對數單位）。
+過去十年的年均收入絕對成長百分比（對數單位）。

　　隨著商業環境中不確定性和動態變化日益加劇，一些學者和商界領袖紛紛斷言或是暗示，競爭優勢乃至更廣泛意義上的策略已與現實脫節。[1]但實際上，策略從未像今天這般重要。如今，老牌企業的地位頻頻受到動搖和取代，勝者和敗者之間的差距變得空前巨大。（圖 1-2）。許多CEO時刻提防威脅公司地位的新生競爭者，而許多新興

企業也一心渴望向老牌企業發起挑戰。因此，企業迫切需要在不同的
商業環境下選擇最適合的策略。

【圖1-2 美國成功企業與失敗企業間的差距不斷拉大】

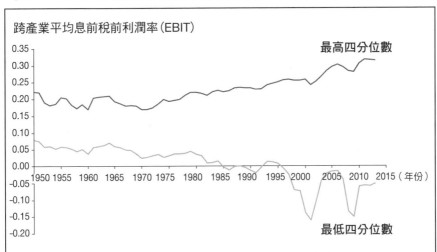

跨產業平均息前稅前利潤率（EBIT）

最高四分位數

最低四分位數

資料來源：波士頓顧問公司分析（2014年8月），Compustat 資料庫
註：跨產業平均息前稅前利潤率是根據對近 34,000 家上市企業分析得出的。這些企
　　業主要為近年來淨銷售額超過 5,000 萬美元的美國公司；首先按六位數字內全球
　　產業分類標準（GICS）計算出四分位平均值（未加權），接著取跨產業的平均值
　　（根據每年各產業的企業數量進行加權處理）；排除離群值（息前稅前利潤率高
　　於 100% 或低於 - 300%）及在某些年份中缺乏足夠資料點的產業。

遺憾的是，要想挑選出適合的策略並非易事。自一九六〇年代初
商業策略的概念誕生以來，可供企業領導人選擇策略的工具和框架就
如雨後春筍（**圖1-3**）。然而，這些方法彼此間的聯繫卻不甚明顯，
企業也不清楚每種策略方法的適用情形。

我們缺少的不是制定策略的有力方法；我們缺乏的是在不同環境
下選出最適策略的指導思想。波特五力模型可能在某個領域行之有
效，而藍海策略或開放式創新策略則適用於另一個領域。然而，這些

【圖 1-3 策略框架成長圖】

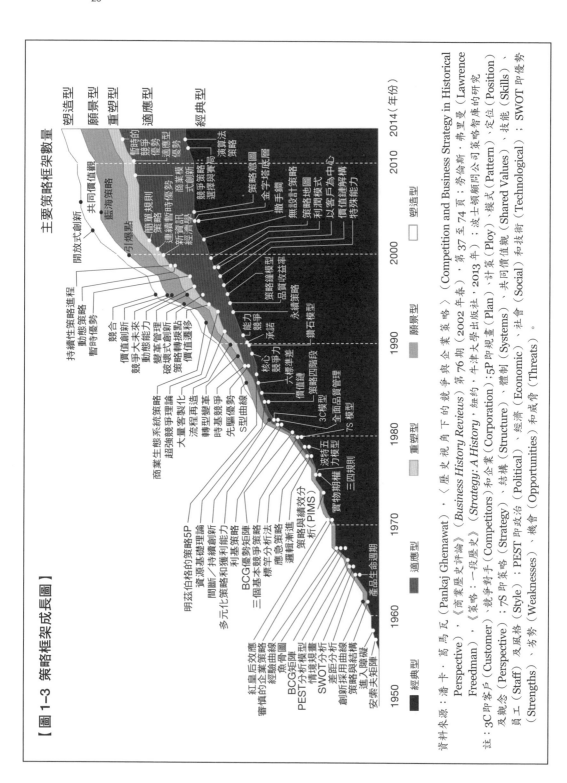

資料來源：潘卡‧葛馬瓦（Pankaj Ghemawat），〈歷史視角下的競爭與企業策略〉（Competition and Business Strategy in Historical Perspective），《商業歷史評論》（Business History Review）第 76 期（2002 年春），第 37 至 74 頁；勞倫斯‧弗里曼（Lawrence Freedman），《策略：一段歷史》（Strategy: A History），紐約：牛津大學出版社，2013 年；波士頓顧問公司策略智庫的研究。

註：3C 即客戶（Customer）、競爭對手（Competitors）和策略（Strategy）；5P 即規畫（Plan）、計策（Ploy）、模式（Pattern）、定位（Position）及觀念（Perspective）；7S 即策略（Strategy）、結構（Structure）、體制（Systems）、共同價值觀（Shared Values）、技能（Skills）、員工（Staff）及風格（Style）；PEST 即政治（Political）、經濟（Economic）、社會（Social）和技術（Technological）；SWOT 即優勢（Strengths）、劣勢（Weaknesses）、機會（Opportunities）和威脅（Threats）。

策略很容易被包裝成、或是被看作治百病的萬靈丹。經理人及其他企業領導人都面臨著一個難題：面對日益多元化的環境，做出正確選擇的風險越來越高，他們如何才能確定最有效的企業策略方法，引領正確的思想和行動，在適當的框架和工具支持下構思並執行策略？

在研究和撰寫本書期間，我們與多位商界領袖深入詳談，再次證實了他們所面臨的這種困境。他們中有些人指出，作為指導思想的策略愈來愈難以適應千變萬化的環境；另一些人則解釋道，需要更有效的新方法來替代經典型的策略方法；一名高階主管甚至說**策略**（strategy）這個詞已經在他們公司被禁用了。許多人都表示，像他們那樣規模龐大的綜合型企業，在制定、執行策略的時候，只用一種方法是肯定行不通的。

為了因應日益活躍的多元化商業環境以及大量湧現的策略方法，本書提出了一個框架，也就是**策略調色板**（Strategy Palette）。這個框架能夠幫助企業領導人正確選擇並有效執行**符合**當前環境的策略方法；**綜合**使用不同的方法以因應不同的環境或不斷變化的環境，並從管理與領導層面**活用**策略方法的組合應用。

策略調色板包含了五種策略原型，你可以將其理解為五原色，可以應用於企業的不同領域，橫跨地域、業種、職能和企業生命週期的不同階段，並可根據各領域面臨的具體商業環境量身打造合適的策略方法。

本書的素材基礎

本書根據廣泛的調查研究撰寫而成，是波士頓顧問公司（BCG）策略智庫經過長達五年的研究、大量的客戶訪談和企業調查研究的成果。2012 年，波士頓顧問公司針對全球150 家企業進行了詳細調查，範圍涵蓋銀行、製藥、高科技、農業等多個產業。此外，我們分析了六十年以來不同產業的發展狀況，以更深入瞭解商業環境在此期間發生了怎麼樣的變化。

另外，我們和企業執行長進行了二十多場深入的訪談，讓他們談一談自己制定和實施制勝策略的經驗和看法，作為對先前調查的補充。同時，我們也和學界進行共同研究，其中，我們和普林斯頓大學（Princeton University）的西蒙・萊文（Simon Levin）合作，從生物與進化策略的角度切入，從這個與複雜、多樣、多變、不確定的環境息息相關的研究領域去挖掘洞察。

最後，我們借助數學方法對策略調色板進行了進一步探索。我們開發了一個能夠模擬商業策略及其在不同商業環境中表現的電腦模型。根據這個模型，我們在蘋果應用商店（Apple's App Store）和Google Play上推出了應用程式（App），讓讀者可以深入感受並理解每一種策略方法。如需下載該應用程式，請上網搜尋 Your Strategy Needs a Strategy。

五大策略環境

策略調色板

策略，從本質上說，就是解決問題，而最好的解決方案為何，取決於眼下的問題是什麼。企業所處的環境決定企業應採取的策略，企業需要對環境進行評估，從而搭配、運用合適的方案。然而，你如何才能找出商業環境的特點，選擇最適合的制勝策略？

商業環境可以按照三個簡單的維度進行分類：**可預測性**（predictability，企業能否預測商業環境未來的發展變化）、**可塑性**（malleability，企業是否能夠獨立或者以合作的方式重塑商業環境）、**環境嚴苛性**（harshness，企業能否在商業環境中生存）。將這幾個方面整合起來，便形成了五類典型的商業環境，每一類環境都要求企業制定並實施與之相對應的策略方案（**圖 1–4**）。

【圖 1–4 策略調色板：五種商業環境和策略方案 】

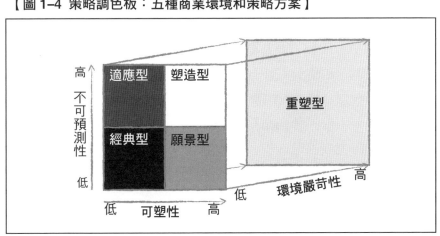

- 經典型（classical）：能夠預測，但無法改變。
- 適應型（adaptive）：無法預測，也無法改變。
- 願景型（visionary）：能夠預測，也能夠改變。
- 塑造型（shaping）：不能預測，但能夠改變。
- 重塑型（renewal）：企業資源嚴重受限。

五大策略原型

　　每種商業環境都有與之相對應的典型策略方案，也可以看作是策略調色板上的不同色彩。例如：在可預測的**經典型**（classical）商業環境中，企業能夠採取市場定位明確的策略。這類策略以企業在規模、差異化或內部能力所形成的優勢為基礎，藉由綜合全面的分析與規畫來實現。在**適應型**（adaptive）環境中，由於規畫既趕不上變化的速度，也無法因應不可預測的情況，企業需要不斷地進行嘗試。在**願景型**（visionary）環境中，企業只有透過率先創造新市場或顛覆舊市場規則才能取勝。在**塑造型**（shaping）環境中，企業可以攜手合作，透過協調各利益相關者的商業活動共同塑造產業格局，創造對自己有利的環境。最後，面對**重塑型**（renewal）環境的嚴苛條件，企業必須首先留存和騰出資源，以確保自身的生存和發展，接著從其他四種方法中選擇一種，重新走上成長之路，從而實現長期繁榮。在最基本的層面上，每一種策略的核心理念大不相同：

- **經典型**：做大
- **適應型**：求快

- **願景型：搶先**
- **塑造型：協調**
- **重塑型：求存**

選用正確的策略能夠為企業帶來豐厚的回報。我們的研究表明，成功將策略與商業環境相匹配的企業，其股東總回報比其他企業高出4～8%。[2]不過在我們調查的企業中，有大約半數企業在一定程度上選擇了不適合其所處環境的策略。

接下來，我們將更深入探討企業應該如何成功運用策略調色板上的每一種「原色」，以及每種「原色」為什麼能在特定的環境中發揮最大作用。

經典型策略

對於採用經典型策略的企業領導人而言，世界可以預測，且競爭的基礎穩定，企業一旦獲得優勢，就可以長久地保持下去。由於他們無法改變外部環境，這類企業會在所處的環境中，憑藉自身規模、差異化優勢或內部能力，找到最佳定位。

在經典型環境中，企業的市場地位優勢可以長時間維持：環境可以預測，市場發展循序漸進，不會有劇烈的顛覆性變化。

為了取得有利的地位，使用經典型策略的企業領導人會採取以下思維模式：首先，他們會**分析**（analyze）企業競爭優勢的基礎以及企業能力是否符合市場需求，預測這個切會隨著時間的推移如何發展；其次，進行**規畫**（plan），以建立並維持企業的優勢地位；最後，嚴格有效地**執行**（execute）計畫（**圖1–5**）。

在本書中，我們將會說明生產糖果和寵物食品的國際品牌瑪氏

（Mars）如何成功地執行經典型策略。瑪氏致力於發展自己可以引領
並可獲得規模優勢的產品種類與品牌，在產品領域追求成長，從而創
造價值。在這種策略的幫助下，瑪氏在過去一個世紀發展成為全球年
營收超過350億美元的大企業，成了多個產品領域中的領導者。[3]

　　經典型策略可能是最為人熟知的策略。事實上，對於許多企業管
理者來說，策略指的就是經典型策略。商學院教的是這個策略，大多
數企業最常採用的也是這個策略。

【圖 1–5　經典型策略】

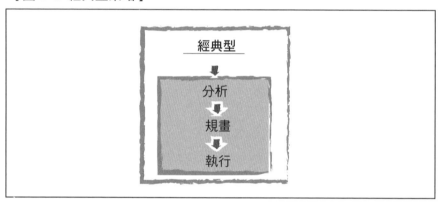

─ 你可能已經知道的事 ─────────────

　　大多數讀者可能對一些策略概念已經有所瞭解。因此，你可以
將自己對策略的瞭解對應到策略調色板中的五種色彩。在本書中，
我們會在詳細介紹五種方法的章節中，以附錄的形式介紹主要的相
關學說以及相應的框架和工具。

　　比如，我們將在詳述經典型策略的章節中介紹布魯斯・亨德
森（Bruce Henderson）的經驗曲線（experience curve）和BCG矩

陣（BCG Matrix），以及麥可・波特（Michael Porter）著名的五力模型（five forces model）。我們將在詳述適應型策略的章節中介紹凱薩琳・艾森哈特（Kathleen Eisenhardt）的簡單規則策略（simple rules-based approach to strategy），以及莉塔・岡瑟・麥奎斯（Rita Gunther McGrath）的敏捷策略（strategy of agility）。我們將在詳述願景型策略的章節中討論蓋瑞・哈默爾（Gary Hamel）與C. K.普哈拉（Coimbatore Krishnarao Prahalad，1941-2010）合著的《競爭大未來》（*Competing for the Future: Breakthrough Strategies for Seizing Control of Your Industry and Creating the Markets of Tomorrow*）；我們也將在詳述塑造型策略的章節中介紹有關平臺型企業和商業生態環境發展的概念。

我們的目標不是包山包海，而是向讀者呈現這些著名的策略理論之間的連結，以及它們和策略調色板之間的關聯，幫助讀者更清楚地瞭解哪些方法在什麼時候更加適用，為讀者展開進一步研究提供一些幫助。

適應型策略

在商業環境無法預測且難以改變的情況下，企業應該採用適應型策略。一旦形勢難以預測，優勢轉瞬即逝，因應不斷變化的唯一方法是建立持續革新的能力，做好萬全準備。

在適應型環境中，不斷實驗，以更快速、更低成本的方式找到新的選項，是企業的制勝關鍵。持續競爭優勢（sustainable competitive advantage）只是連續的暫時優勢（serial temporary advantage）。

想要透過嘗試來實現策略上的成功，適應型企業需要掌握三個核心步驟：首先，它們需要不斷地**改變**（vary）方法，提出大量的策略方案，並對其進行檢驗；其次，它們需要仔細**選擇**（select）其中最成功的策略，並進行**推廣**（scale up）和探索（**圖1-6**）。一旦商業環境發生改變，企業還需迅速重複這個漸進過程，時時更新自身的競爭優勢。適應型策略不像經典型策略那樣強調理性，企業的優勢並非仰賴分析、預測、優化，而是源於不斷嘗試新事物。

【圖 1-6 適應型策略】

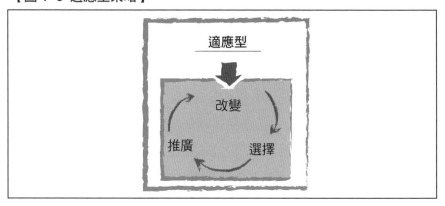

印度商塔塔顧問服務公司（TCS，Tata Consultancy Services）是一家提供資訊技術服務與解決方案的公司，其所處的商業環境既不可預測，也無法改變。這家公司必須不斷適應科技的更迭，包括從客戶伺服器到雲端運算（cloud computing）領域的重心轉移，以及這些變革對其客戶服務和競爭基礎的衝擊。透過採取適應型策略，塔塔顧問服務公司專注於監控商業環境變化、進行策略實驗，確保組織的彈性。該公司的年營收在 1996 年為1.55 億美元，到 2003 年成長到了 10 億美元，截至 2013 年已經突破了 130 億美元，成為世界第二大純資訊技術服務公司。[4]

願景型策略

採用願景型策略的企業領導人認為，企業能夠憑自身的力量創造或再造商業環境。願景型企業的成功之道在於率先引進革命性的新產品或商業模式。儘管商業環境對其他企業來說充滿了不確定性，但願景型企業領導人深信自己有機會創造新的市場區隔或顛覆現有的市場格局，而且他們透過具體行動將想法化為現實。

只有當願景型企業獨力建立起一個具有吸引力的全新市場格局時，這個策略才真正奏效。企業可以率先運用新技術，或者首先發現並解決某個客戶不滿的主要因素和潛在需求。企業也可以透過創新來改進陳腐的商業模式，或是趕在其他競爭者之前發現重大的趨勢並採取行動。

採用願景型策略的企業也有一套獨特的思維模式可供依循。首先，由願景型企業的主管或領導者**設想**（envisage）出一個有價值而且可以實現的機會點；然後，他們憑藉自己的能力根據設想出的藍圖率先進行**建構**（build）。最後，他們**堅持**（persist）實施並推廣該構想，直到自身潛力完全發揮出來（**圖 1–7**）。與經典型策略的分析和規畫以及適應型策略的反覆嘗試相比，願景型策略更加注重願景的設想和實現。從本質上說，願景型策略是一種極具創造力的策略。

【**圖 1–7 願景型策略**】

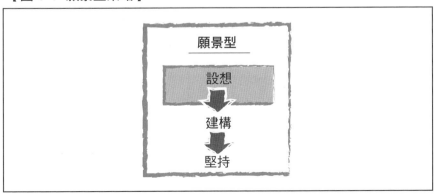

　　昆泰（Quintiles）是臨床研究機構（CRO，clinical research organization）產業的先鋒，也是外包醫藥研發服務的先行者。該企業是採用願景型策略的典範。

　　儘管在外界眼中，醫藥的產業模式相當穩定，但昆泰的創辦人兼董事會主席丹尼斯・吉林斯（Dennis Gillings），卻認為有機會藉由打造全新的商業模式來提高藥品研發的效率。吉林斯於 1982 年率先採取行動，不僅把握住了他所預見的機會點，而且從中充分獲益。迅速果敢的行動力幫助昆泰在業界保持了領先的地位，還大幅超越了潛在的競爭對手。如今，昆泰是其創造的臨床研究機構產業中規模最大的企業，並且密切參與了目前市場上五十種最暢銷藥品的開發或商業化工作。[5]

塑造型策略

　　當環境不可預測但具備可塑性時，企業有絕佳的機會在產業發展的早期階段，在產業規則尚未被定義或重新定義之前，去塑造或再度塑造整個產業。

　　面對這樣一個絕佳的機會，企業需要與其他各方攜手合作，因為僅靠一家企業的力量無法塑造整個產業格局，且企業需要與其他各方共同分擔風險，截長補短，在競爭對手採取行動之前迅速建構新市場。塑造型企業面對的環境存在高度的不可預測性，這是因為它所處的產業尚在發展初期，同時又面對多個利益相關者，既需要影響對方，卻又無法完全掌控其行為。

　　採用塑造型策略的企業首先要**吸引**（engage）其他利益相關者的參與，在恰當的時間點共同打造未來願景。它們需要建立起一個平臺，在這個平臺上進行**協調**（orchestrate）合作；然後藉由擴大平臺規模並保持其平臺的彈性和多樣性，積極**發展**（evolve）與利益相關者之間的生態系統（**圖 1-8**）。塑造型策略與經典型、適應型、願景型策略非常不同。塑造型策略著眼於生態系統，而不是企業個體；此外，塑造型策略同時致力於在競爭中求合作，並在合作中彼此競爭。（按：即為競合〔co-opetition〕）

　　諾和諾德（Novo Nordisk）從 1990 年代開始採用塑造型策略，以此來贏得中國大陸糖尿病治療市場。當時，糖尿病問題在中國才初現苗頭，諾和諾德無法準確預測市場走向，但是透過與患者、監管機構以及醫生合作，諾和諾德影響了市場的遊戲規則。如今，該公司已經成為中國大陸糖尿病醫療市場上公認的領軍企業，擁有 60% 以上的胰島素市占率。[6]

【圖 1-8 塑造型策略】

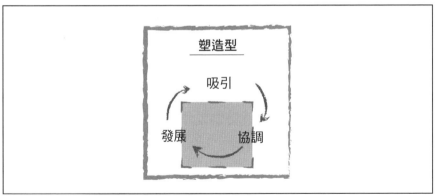

重塑型策略

　　重塑型策略能夠幫助那些在嚴酷環境下求生存的企業恢復活力並重獲競爭力。企業之所以會陷入這種艱難的困境，有可能是因為企業的策略方法與環境長期不匹配，也可能是由企業外部或內部的動盪所造成的。

　當外部環境充滿挑戰，當前的經營方式已無法持續下去時，果
斷進行變革不僅是企業唯一的生存之道，而且還能幫助企業抓住
復興的機會。首先，企業必須儘早認清不斷惡化的環境並且做出**因
應**（react）或**預期**（anticipate）。其次，企業需要果斷行動以求
生機，透過重新調整業務重心、縮減成本、保存資金來進行節約
（economize），同時騰出資源來支持企業接下來的復興之路。最後，
企業必須轉而從其他四個策略原型中選出一個供未來發展之需，以確
保企業能夠再次踏上**成長**（grow）與繁榮之路（**圖 1-9**）。

【圖 1-9　重塑型策略】

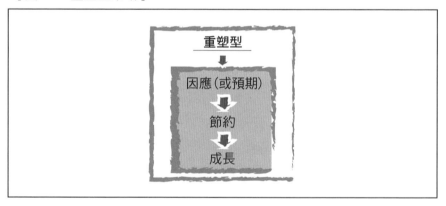

　重塑型策略與其他四種策略截然不同：重塑型策略起先以防禦為
主，涵蓋了兩個獨特的階段，而且是其他四種策略原型的前導。由於
與環境脫節的企業日漸增多，重塑型策略的應用變得更為普遍。美國
運通（American Express）正是採用了重塑型策略來因應金融危機。

　2008 年信貸危機引爆金融海嘯時，美國運通面臨違約率上升、
客戶需求下滑、資本供應減少等三重打擊。為了讓企業生存下去，

該公司解雇了約 10% 的員工，縮減非核心業務，並且停止了副業投資。到 2009 年，美國運通共節約了近 20 億美元的成本，並且藉由吸納新合作夥伴、投資會員專案、開辦存款業務以及運用數位科技，為成長和創新奠定了基礎。截至 2014 年，該公司的股票較衰退時期的低點飆升了 800%。[7]

如何活用策略調色板

策略調色板的應用可分為三個層次：為企業的特定部門或業務領域搭配、實施合適的策略；有效管理企業不同業務或不同發展時期採取的多種策略；幫助企業領導人推動策略方法的組合（**圖 1–10**）。

【圖 1–10 策略調色板應用的三個層次】

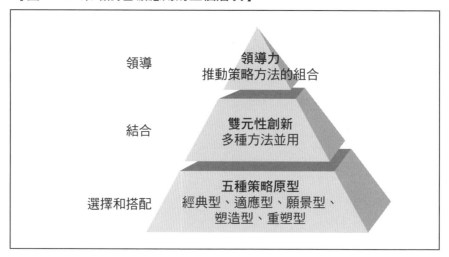

策略調色板為領導者提供了一種新的語言，好為企業的特定部門或業務描述並選擇合適的策略。同時，調色板還為企業提供了一條邏輯線索，幫助企業將每一種策略的制定和執行聯繫在一起。在多數企業，策略制定和執行常常因種種人為因素被分開，在組織架構和時間序上並不連貫。每一種策略，不僅構思的方式不同，實施的方法也各不相同，對資訊管理、創新、組織架構、領導和文化也帶來不同的要求。因此，策略調色板不僅能指引企業的策略方向，也有助於企業思考其營運架構。**表 1–1** 總結了策略調色板的關鍵要素，以及企業運用五種策略方法的具體案例。

【表 1-1　策略調色板的五種策略原型】

關鍵元素	方法				
	經典型（classical）	適應型（adaptive）	願景型（visionary）	塑造型（shaping）	重塑型（renewal）
核心理念或必要條件	• 做大	• 求快	• 搶先	• 協調	• 求存
環境類型	• 可預測，不具備可塑性	• 不可預測，不具備可塑性	• 可預測，具備可塑性	• 不可預測，具備可塑性	• 環境嚴苛
適用產業	• 公共事業 • 汽車 • 石油、天然氣	• 半導體 • 紡織、零售業	• 不針對特定產業（打破舊格局，創造新產業）	• 部分軟體領域 • 智慧手機軟體	• 2008～2009 年金融危機期間的金融機構
特徵	• 低成長 • 高度集中 • 成熟產業 • 監管法規穩定	• 成長不穩定 • 集中度有限 • 新興產業 • 高科技變革	• 高成長潛力 • 市場白地，無直接競爭者 • 監管法規有限	• 碎片化 • 無主導企業，平臺化 • 監管法規有塑造空間	• 低成長，衰退，危機 • 融資能力有限 • 負現金流
做法	• 分析、規畫、執行	• 改變、選擇、推廣	• 設想、建構、堅持	• 吸引、協調、發展	• 因應（或預期）、節約、成長
成功標準	• 規模 • 市占率	• 週期 • 新產品活力指數（NPVI，new product vitality index）	• 率先進入市場 • 新用戶的顧客滿意度	• 外部生態環境發展和利潤率 • 新產品活力指數	• 節約成本 • 現金流
相關方法	• 經驗曲線（experience curve） • BCG 矩陣（BCG matrix） • 波特五力模型（five forces） • 內部能力（internal capabilities）	• 時基競爭（time-based competition） • 暫時優勢（temporary advantage） • 適應型優勢（adaptive advantage）	• 藍海策略（blue ocean） • 創新者的兩難（innovator's dilemma）	• 網路效應（network effect） • 商業生態系統（business ecosystem） • 平臺（platform）	• 轉型（transform） • 變革（turnaround）

（續下頁）

（接上頁）

關鍵元素	經典型 （classical）	適應型 （adaptive）	願景型 （visionary）	塑造型 （shaping）	重塑型 （renewal）
重要案例	• 雷富禮（Alan George Lafley）領導下的寶僑（P&G） • 麥克斯（Paul S. Michaels）領導下的瑪氏（Mars）	• 陳哲（Natarajan Chandrasekaran）領導下的塔塔顧問服務（Tata Consultancy Services） • 麥克奈特（William Mcknight）領導下的 3M	• 貝佐斯（Jeff Bezos）領導下的亞馬遜（Amazon） • 吉林斯（Dennis Gillings）領導下的昆泰（Quintiles）	• 賈伯斯（Steve Jobs）領導下的蘋果（Apple） • 索倫森（Lars Rebien Sørensen）領導下的諾和諾德（Novo Nordisk）	• 錢納特（Kenneth Chenault）領導下的美國運通（American Express） • 本默切（Bob Benmosche，領導下的 AIG
主要陷阱	• 過度運用	• 盲目地為無法被規畫的事制定規畫	• 願景錯誤	• 過度管理企業的生態環境	• 沒有第二階段

　　調色板還可以幫助企業領導人對業務進行**去平均化**（de-average），也就是將企業分成不同的組成部分，針對每一部分採取不同的策略。

　　在策略調色板的指導下，企業領導人可以針對不同的業務單位和地區，以及在企業生命週期的不同階段對多種策略進行有效組合與運用。

　　如今，大型企業面對的商業環境日益多元化，商業環境的變化速度也日益加快。幾乎所有大企業都涉足了多個業務領域，足跡橫跨多個地理區域，而由於每個業務領域和地域市場都有其策略獨特性，企業需要同時制定和實施不同的策略。適用於快速變化的技術部門的策略，並不一定適合發展更為成熟部門，而在快速發展經濟體市場有效的策略不見得在成熟經濟體市場同樣有效。

策略調色板三維度：環境的不可預測性、可塑性、嚴苛性

　　為什麼我們將環境的不可預測性、可塑性、嚴苛性作為定義商業環境與進行策略選擇的三個維度？經典型策略是最為人所熟知且經過歷史檢驗的一種策略。透過分析經典型策略背後的基本假設，同時參考商業環境的變化，我們能夠證明這三個維度是進行策略選擇的最佳根據。

　　採用經典型策略的領導者認為世界從根本上來說是可預測的。在這樣的環境下，制定長期規畫和投入預測與分析，都是有意義的。此外，由於經典型領導者相信環境是既定的─由於環境穩定且無法形塑，他們並不認為自己能夠改變遊戲規則。基於這些假設，經典型領導者主要透過找到企業的最佳定位，最大限度地利用現有條件。

　　然而，在日新月異的世界中，這些假設在三個最根本的方面受到了挑戰。首先，由於當今商業環境的**不可預測性**日益增強，長期規畫往往不再奏效。其次，在科技變革、全球化以及其他因素的推動下，現有的產業結構常常受到顛覆。在這樣的大背景下，產業結構和競爭基礎愈來愈具備**可塑性**，而企業也有更多機會形塑市場發展的軌跡。最後，由於策略偏移的時間過長或受到突然爆發的危機影響，策略與環境不匹配（mismatch）的現象變得日益嚴重，而且愈來愈普遍。因此，我們需要把環境的**嚴苛性**納入考量，這就需要企業節約開支，並將重心放在短期內的企業生存問題上。

毋庸置疑，任何企業或商業模式都有其生命週期，在生命週期
的不同階段需要採用不同的策略。儘管具體過程可能不同，但總體
來說，企業通常誕生於策略調色板的願景型象限或塑造型象限，然
後按照逆時針方向進入適應型象限和經典型象限，最後在受到創新
浪潮的進一步衝擊後，進入一個新的周期（**圖 1-11**）。比如，蘋果
（Apple）採用願景型策略創造了iPhone，然後採用塑造型策略建立
起了由軟體應用開發者、電信公司和內容提供方攜手合作的生態系
統。隨著競爭者競相採用日益趨同的產品衝擊蘋果公司的市場地位，
蘋果公司今後採取的策略很可能會愈來愈傾向於適應型或經典型。昆
泰在發展過程中同樣採取了這種策略更替的方式。

【圖 1-11 策略隨著不同的階段而異】

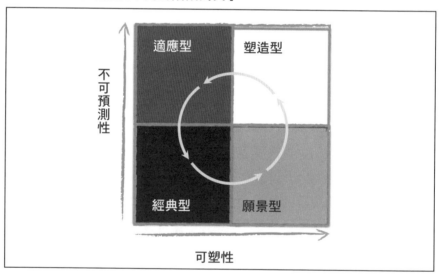

企業領導人本身在策略調色板的運用上扮演了極其重要的作用。
他們必須設定並調整策略的背景，透過分析環境，來決定在哪些業務
領域和地區採取何種策略，並指派合適的人選去執行。此外，企業領

導人還需要在企業內外部宣傳、推動整體策略。他們不斷推動**策略組合**，透過提出正確的問題來保持策略的活力與即時性，不斷挑戰現有假設來防止主導邏輯蒙蔽企業的視角，並且運用自身力量全力支持重要的變革措施。

陷阱：容易出現問題的地方

大多數受訪的企業領導人都知道需要根據環境運用不同類型的策略：有九成的受訪者同意其重要性。但同時，企業要想有效地選擇和執行策略也面臨不少挑戰。我們觀察到三種類型的陷阱會使得策略難以達成原本良好的意圖。

感知身處的商業環境

儘管一些企業領導人正確判斷出了企業所處商業環境的可塑性與不可預測性，許多人高估了環境的可預測性和可塑性。或許人類本能地認為自己可以預測並控制周遭的環境，但許多情況下並非如此。正如我們所見的，這種能力的缺乏將為策略的制定帶來深遠的後果。事實上，我們在調查中發現，無論現實情況如何，企業領導人最常將環境視為可預測和可塑的（願景型）。而與這個偏見非常一致，環境很少被視為不可預測或不可塑（適應型），這顯然與現實情況不符。此外，我們還發現企業遲於承認自己身處困境之中，未能及時制定重塑型策略。從理論上講，重塑型策略具有先發制人的效果，但在實踐中，大多數企業只會在財務狀況或競爭表現開始下滑時才進行改變或轉型。

選擇合適的策略

我們也發現一些企業選擇與情況不相符的策略。除了在經典型、願景型和適應型的環境下以外，企業所宣稱的策略做法經常與他們對環境的認知有出入。由於企業對塑造型策略較為陌生，因此在選擇策略時容易將其與適應型策略混淆。此外，儘管從企業自己對環境所做的評估，或根據客觀的評估結果看來，環境的不可預測性並不適用於適應型策略，企業仍然更喜歡採用適應型策略。這種錯配可能是由於近期敏捷、速度、實驗的概念大行其道而導致的結果，使得企業容易盲目偏向於運用適應型策略。

正確運用不同類型的策略

最後，許多企業領導人根據商業環境選擇了合適的策略，但組織往往在運用策略時面臨困難。我們的調查顯示，儘管已經宣布採取不同類型的策略，但企業仍強烈傾向於使用較為熟悉和相對舒適的實踐方法（往往與願景型和經典型策略相關）。以規畫制定為例，大多數企業會制定策略規畫，但有近90%的受訪企業他們表示以年度為單位制定計畫，不管環境實際的改變速度如何，甚至也不管他們自己覺得環境已經發生了什麼變化。

如何使用本書

本書一開始探討了五種核心的策略類型，也就是策略調色板的原色。隨後，我們將探索如何將這些原色組合起來，在企業不同部門內同時或陸續使用不同類型的策略，以及領導者在協調策略組合時應扮演什麼角色。

我們使用案例研究和企業訪談來闡述每種策略類型，每章都以一個重要的案例研究作為開端。此外，我們在每個章節的附欄中，檢視策略調色板的理論基礎，並模擬不同環境和策略得到的結果，來闡釋每種策略類型的運行機制。最後，本書末有一篇簡短的後記，解釋企業主管們應該如何掌握與運用策略調色板。

從第二章至第六章，每一章節都將深度剖析一種策略類型，探討以下幾個方面：

1. 該策略的定義與特徵是**什麼**。
2. **何時**運用該策略。
3 **如何**成功運用該策略，包括如何制定和實施策略，以及對資訊管理（訊息傳達）、創新、文化、組織和領導力的影響。
4. 明確點出**技巧和陷阱**，以指導每種策略的實際應用。

在案例分析以及與執行長的討論中，你可以觀察到每種策略的運用情況。值得注意的是，我們雖然主要以成功的企業及其領導團隊作為案例來闡述各種策略類型，但我們的目的並非將他們奉為圭臬。環境會改變，競爭優勢會削弱，企業的命運興衰起伏。事實上，這也是企業需要隨著時間調整策略的根本原因。我們希望透過這些案例來分享企業在特定領域和特定時期成功運用每種策略的經驗。

在探索了策略調色板的五種原色後，我們將進一步聚焦在調色板的深入運用。第七章講述的是企業如何同時或先後（跨地域、跨業務或跨企業生命週期各階段）運用多種策略。我們將這種綜合運用多維度策略的能力稱為**雙元性創新**（ambidexterity）。四種技巧有助於實現雙元性創新，並能在各種環境下獲得最佳方案。

- **分離**（separation）：企業根據業務單位（部門、地區、功能）謹慎地選擇策略，並獨立運用這些策略。
- **轉換**（switching）：企業管理一個共有資源池，隨著時間的推移切換策略，或在特定時期將這些策略結合在一起。
- **自我組織**（self-organization）：當從上到下選擇和管理策略變得過於複雜時，每個部門自主選擇最佳的策略。
- **外部生態系統**（external ecosystem）：在企業所依靠的外部生態系統中，其他企業自行選擇合適的策略。

策略調色板的數學理論基礎

我們為什麼選擇經典型、適應型、願景型、塑造型、重塑型這五種類型的策略？有什麼依據證明它們是每種環境下的最佳選擇？事實上，每種類型的策略背後都有健全的數學理論支持，透過模擬策略調色板的商業環境進行論證，涵蓋類似經典型的策略環境（即高度可預測），到類似塑造型的策略環境（即高度不可預測且高度可塑）。然後，我們模擬不同類型的策略管理方式，把它們放在一

系列環境中進行比較，選出多輪驗證中表現最好的策略類型（**圖
1-12**）。這種模擬充分驗證了五種策略原型和各自商業環境之間
的匹配度（我們將在附錄C中詳細闡述這個模型）。在每章的附欄
中，我們會用這樣的方式解釋為什麼每種策略類型與特定的商業環
境最匹配。

【圖 1-12 不同環境下的最佳策略（模擬）】

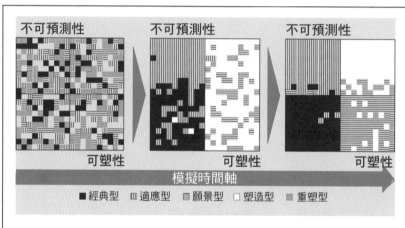

資料來源：波士頓顧問公司 MAB 模擬機制（BCG multi-armed bandit〔MAB〕
simulation model）

　　我們利用同樣的模擬模型作為基礎，開發了一款iPad應用程
式。該應用以商業遊戲為背景，你可以透過擺攤賣檸檬汽水這門最
簡單的生意，來探索各種類型的策略，觀察它們在何種環境下效果
最佳。讀者透過這個遊戲，不僅能夠瞭解如何選擇和實施不同類型
的策略，而且還能加深對每種類型策略的切實感受。

第八章論述的是身為企業領導人，在創造和推動策略組合時所發揮的作用。為此，我們點出了企業領導人應扮演的八種關鍵角色。

- **診斷者**（diagnostician）：拓展外部視野，評估商業環境，並選擇最佳策略。
- **區隔者**（segmenter）：根據組織的細分程度，將策略類型與企業內部各個層級部門進行匹配，進行適當的區隔。
- **顛覆者**（disrupter）：在策略推進的過程中，持續檢視前述的診斷和細分結果，必要時調整或改變策略類型。
- **指導者**（team coach）：挑選合適的人員管理策略組合中的各個板塊，並培養人員的理論與實務能力。
- **推銷者**（salesperson）：在企業內部與外部，對策略選擇進行清晰統一的推銷與宣傳。
- **提問者**（inquisitor）：透過提出恰當的問題，為每種類型的策略設定或修正實施環境。
- **接收者**（antenna）：不斷接收外部訊號，有選擇性地放大其他人可能忽略或低估的重要變革訊號。
- **加速者**（accelerator）：利用自身影響力，推動改革措施，加速實施過程或幫助克服抵抗情緒和惰性。

最後，後記部分詳細闡述四個步驟，有助於管理者理解和掌握策略調色板的應用。

你一旦熟悉了這幾種不同類型的策略，就可以嘗試將其運用於企業當中：評估企業所處的商業環境、選定最佳策略類型，並評估企業現有的實踐運用。附錄A中簡化版的調查問卷將提供一個簡單卻具有方向性的觀點。附錄 B 為那些想要深入瞭解不同策略類型的讀者列出詳細的閱讀清單。附錄 C 提供了關於我們模擬不同商業環境和策略類型的背景和細節。

　　讓我們啟程，一同來探索策略調色板。

第二章　經典型策略：做大

【案例】

瑪氏（Mars）：以經典型策略獲勝

如果你想要找到瑪氏公司營運環境相對穩定的證據，只需看一下它們推出其代表性巧克力的時間便可：銀河巧克力棒（Milky Way），1923 年；士力架（Snickers），1930 年；瑪氏棒（Mars Bar），1932 年；瑪氏巧克力豆（M&M's），1941 年；特趣（Twix），1979 年。2014 年世界最暢銷的糖果是什麼？是士力架和瑪氏巧克力豆。[1] 這麼多年過去了，對這家由弗蘭克・瑪氏（Frank Mars, 1882-1934）於一百多年前創立的公司來說，這些品牌依然是其成功的基礎。截至 2014 年，瑪氏的全球營收約為 350 億美元，旗下十一個品牌價值超過 10 億美元，躋身美國最大的私有企業之列。[2]

瑪氏以公司規模和內部能力維持了市場的領導地位，做到最大、最好。規模是瑪氏成功的重要因素，瑪氏總裁保羅·麥克斯（Paul S. Michaels，按：2014年卸任）說：「在我們的產業，規模至關重要。公司規模大了，才能刺激生產規模、提高產能利用、控制成本、創造價值。」瑪氏不僅是巧克力產業中的龍頭老大，而且在其他五個產業中也占據領先地位。這五個產業中包括寵物食品的寶路（Pedigree），以及箭牌薄荷口香糖（Wrigley's Spearmint Gum）。

穩定以及隨之而來的可預測性（predictability），是瑪氏選擇策略的基礎，這意味著瑪氏可以規畫。麥克斯表示：「一旦品牌在客戶心中樹立起來了，將會持續很長時間。我們之所以規畫，一方面因為我們公司營運的市場相對穩定，另一方面因為有效經營我們的資產非常重要。」麥克斯著眼於制定一年或者長期的規畫。他說：「我們十年前取消了一個比較複雜的中期規畫方案，因為那個方案真的不管用。」

麥克斯說，成功制定規畫的關鍵是力求流程簡單，將重點放在發掘關鍵問題的洞察：「要把注意力放在我們可控的事情上，像是成本和獲利。對我們這種在細分市場裡領先的業者而言，制定策略的目的就是要驅動品項的銷售成長，這是我們應該時刻掛心的事情。」

制定策略是從上到下的，他說：「策略是由我這個財務長，以及其他幾位成員和家族董事會共同商量的結果。」但是之後，策略方案會在公司內大範圍地分享溝通，確保所有人都輕而易舉地領會策略的內容。「我們經常開員工大會，我們希望能夠用讓大家容易理解的方式，在二十分鐘內說清楚策略的內容。」

在制定策略的過程中，麥克斯秉持了五項原則。這五項原則滲透進了公司的文化中，它們是品質（quality）、責任（responsibility）、互惠（mutuality）、效率（efficiency）和自由（freedom）。只要你走進位於維吉尼亞州麥克萊恩（McLean, Virginia）的瑪氏總部，就能親身體會到五項原則之一的「效率」。瑪氏在全球有超過七萬名員工；其實，瑪氏更願意將員工稱為「合夥人」（associates）。瑪氏總部卻位於一棟不起眼的二層建築裏，而且只占了一層。麥克斯自嘲：「曾經有一位雀巢（Nestlé）的高階主管來到這裏時，還以為自己走錯地方了。」

瑪氏重視紀律和效率。比如說，即使位高權重如麥克斯，照樣也要打卡上班。

公司總部結構進一步反映組織扁平化，只靠寥寥幾位經驗豐富的人進行管理。「簡單明瞭，十分重要。」麥克斯說，「多餘的層級與步驟會削弱洞察（insight）。策略固然重要，但它並不需要繁雜的規畫過程。」

在 2008 年收購美國箭牌糖類有限公司（William Wrigley Junior Company）之後，瑪氏的組織架構由過去以區域畫分（geographical lines）轉為以事業單位為主（business unit）。麥克斯解釋，改革是為了「增強我們對市場的洞察力，以及在每一個商業領域的經營能力」。

身為一家民營企業，瑪氏並沒有受限於季度財報周期，它所做出的決議能夠立足長遠。公司透過漸進創新而非激進創新的方式，來確保公司的生產流程和品牌能跟上時代。瑪氏企圖形塑外部環境的一個面向，在於透過創新來刺激終端使用者需求（end-user demand）。像是在巧克力銷售相當低迷的夏季，以原創遊戲「徹夜大狂歡」（Big Night In）促銷。[3]

　　簡言之，瑪氏是採用經典型策略的典範。該公司透過在穩定的商業環境中，保持品項與品牌的領先優勢，制定縝密且精簡的規畫，對其所跨足的各個領域進行深入瞭解，增強內部能力，打造規模經濟。

經典型策略：核心理念

　　經典型策略的策略規畫（strategic planning），對大多數讀者來說耳熟能詳。你可能在商學院學過相關課程，也可能每年都會親自投入。事實上，可能正因為對制定策略這件事太熟悉，人們反而將其當成例行公事，而非深思熟慮後的選擇。因此，在第二章，我們將重點探討幾個常常被忽略的問題，包括：什麼時候應當採用經典型策略？什麼時候應當採用其他策略？能夠增強洞察力和影響的策略規畫，與制定預算前的例行公事有何區別？制定一個好的經典型策略與有效執行之間有何關聯？首先，讓我們來瞭解經典型策略的核心理念（圖2-1）。

【圖 2-1 經典型策略】

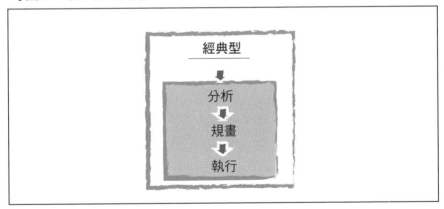

　　和瑪氏的麥克斯一樣，採取經典型策略的公司領導者處於一個相對穩定、可預測的產業。因此，競爭的基礎也是穩定的，一旦取得優勢，就能延續下去。由此可見，經典型策略的制勝法寶是**持續競爭優勢**（sustainable competitive advantage）。因為經典型企業無法輕易

改變所處產業的競爭基礎，它們努力在具吸引力且有利的市場取得最佳定位。這類公司的優勢源於龐大的規模、差異化（或是同樣在畫分得更細的市場中實現規模化），或者是強大的內部能力。

如同策略調色板中的其他色彩一樣，經典型策略也有其特色邏輯。經典型企業透過縝密的**分析**（analysis），以確定市場是否具有吸引力，作為企業在市場中競爭的基礎。同時，企業會分析自身當前和潛在的競爭力，根據這些確立想要在市場中取得的定位和策略方向，接著，制定**規畫**（plan）來達到目標定位。這樣的規畫不需要動輒修改，且能反映出所處環境未來的發展方向，以及企業建立並保持優勢所需採取的步驟。最後，經典型企業會徹底貫徹**執行**（execute）這一規畫，確保組織上下有效率地朝向明確目標邁進。

繼續用繪畫做類比，經典型策略就好像畫一幅靜物畫。只要你想畫的景物清晰、不變地在你面前，你不需要畫很多幅草圖，或根據眼前景物的變化來修改自己的畫。相反地，你只需要有條不紊地處理好每一個細節，直到完成最終的大作。

正確地運用經典型策略能夠產生極大的影響力，幫助企業取得寶貴、持久的領導地位。在穩定的環境中，規模、差異化、內部能力，也就是在擅長領域之內做到最好，可以為企業持續提供競爭優勢。循序漸進的改變不會帶來什麼損失，因為環境可以預測，發展循序漸進，沒有重大的顛覆性變化。企業營運上持續的點滴進步，可以凝聚為顯著且穩定的競爭優勢。

例如，規模變成了一項能夠自我強化的優勢。公司規模愈大，與競爭者相比，成本就愈低。隨著公司規模不斷擴大，經驗愈來愈豐富，更低的成本可以用來降低價格，進而提高銷量，形成了良性循環。波士頓顧問公司創辦人布魯斯・亨德森（Bruce Henderson,

1915-1992）如此歸納：「如果企業能夠早早地占據市場領先地位，並保持到成長放緩階段，那麼將獲得極高的回報。人人都想在市場成長階段獲得市占率……，市占率的提升意味著利潤隨著增加……，這項投資的回報是極其豐厚的。」[4]

【案例】

規模為何如此重要：以優比速（UPS）和聯邦快遞（FedEx）為例

　　二十一世紀早期的美國快遞和包裹市場是研究經典型策略中規模優勢的最佳例證。快遞市場當時由UPS和FedEx二大公司主導。與規模較小的競爭對手洋基通運（DHL）和天遞（TNT）相比，UPS和FedEx皆能夠長時間保持低成本、高利潤（margins）[5]，因此它們之所以能夠坐穩市場龍頭老大的地位，是因為競爭者必須花費鉅資才能趕上它們的規模。

　　事實上，當DHL透過收購規模較小的本地競爭對手Airborne進入美國市場時，投入了近100億美元（按：DHL隸屬德國郵政，於2003年收購Airborne）。然而，即便投入了這筆鉅資，都不足以讓DHL達到能與本地產業巨頭開展持續競爭的規模。2008 年，DHL關閉了美國國內業務，把主要業務放在往來美國的國際運輸上。。[6]

　　對於處在經典型環境中的產業領導者來說，規模能夠提供保障：因為產業環境穩定，他們可以在原有規模的基礎上鞏固優勢。

你可能已經知道的事

大多數企業領導者都熟悉經典型策略的制定方法。事實上，通常當企業領導者談起策略時，他們指的就是經典型策略。自從 1950 年代末，安索夫（H. Igor Ansoff，1918—2002年）提出**企業策略**（corporate strategy）一詞後，無論是在商界還是在商學院的課程中，這種策略一直占據著主導地位。[7]當今企業管理者常用的理念、框架（frameworks）和工具都是從這種經典型策略制定方法發展而來的。以下是一些廣為人知的例子。

1960 年代，波士頓顧問公司針對在相對可預測的穩定商業環境中營運的大型製造業客戶，進一步發展並傳播了**競爭策略**（competitive strategy）。波士頓顧問公司的創立者布魯斯·亨德森提出**經驗曲線**（experience curve），意即逐步積累的經驗及其所帶來的整體規模，能夠成為一種持續的優勢來源。[8]經驗曲線成為指導企業管理成本和價格以取得長期優勢的重要工具。而**BCG矩陣**（BCG matrix）則將規模優勢結合了市場的識別──找到具吸引力的高成長市場。在這樣的市場中，企業能夠且必須占據領先地位。BCG矩陣也成為1970和1980年代許多《財星》五百大企業用以分配公司資源的工具。[9]理查·羅歇根（Richard Lochridge）在此基礎上提出了**環境模型**（environmental matrix），概化說明收入與規模之間的關係取決於優勢來源的數量和大小（**圖 2–2**）。[10]環境模型解釋了競爭和優勢在分化的、本地化的、僵化的市場，和在較為人所知的的規模市場中是如何發揮作用的。

麥可·波特（Michael Porter）針對經典型策略，提出了可能是迄今最全面、最著名的論點。[11]他的**五力模型**（five forces framework）解釋了五種競爭力之間的相互作用（供應商、購買者、替代品、新進入者、同業競爭者）對產業吸引力有什麼樣的決定性作用。企業需要選擇一個具有吸引力的產業，利用差異化（differentiation）、成本，或是市場地位和規模取得成功。

【圖 2-2 經典競爭優勢的各種形式】

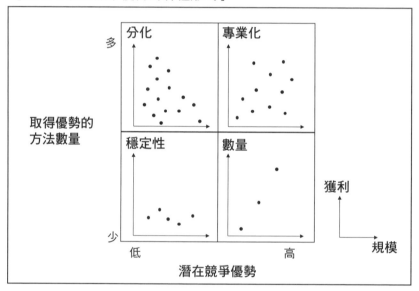

其後，伯格・沃納菲爾特（Birger Wernerfelt）、傑恩・巴尼（Jay Barney）、C. K. 普哈拉（C.K. Prahalad）和蓋瑞・哈默爾（Gary Hamel）專注於研究一些企業如何透過建構並利用強大的內部能力或競爭力來取得卓越的市場地位，這就是多少令人費解的企業資源基礎論。[12]

能夠帶來優勢的資源必須是寶貴、稀缺、無法仿效、不可替代的。波士頓顧問公司的菲利浦・伊凡斯（Philip Evans）、喬治・斯托克（George Stalk）和勞倫斯·舒曼（Lawrence E. Shulman）等人，進一步探索了企業如何透過建構內部能力以強化優勢。[13]

不過，為什麼經典型策略的制定方法能夠成為主流，而且幾乎無處不在呢？這是因為長久以來，這種策略方法最適合那些大公司所面臨的環境。在二十世紀後半的大多數時間裏，大多數商業環境都是相對穩定且可以預測的；因此，分析、規畫和執行理所當然地成了企業獲得成功的最好方法。

什麼時候採取經典型策略

在競爭基礎穩固、相對穩定且可預測的市場環境中，企業應當採取經典型策略（按：適用於能夠預測，但無法改變的商業環境）。在這種不具有可塑性的市場中，沒有突然產生顛覆性變化的危險，業界情勢也是既定的。

由於業界存在進入障礙、科技進步有限與法規變化不大等原因，市場需求的潛在驅動力和產業結構發展緩慢，在這種情況下，市場環境很可能是穩定的。對於保險、消費必需品、汽車等業界而言，最近幾十年來，它們所面臨的環境大多屬於經典型。

策略選擇取決於精確地判斷公司所面臨的環境。哪些因素可以看出所處的環境是經典型的？如果產業的發展相對完善，規模效益較高，業內領先企業的排名變化不大，商業模式與核心技術單一，品牌強大，成長平穩，這樣的產業更有可能存在於可預測但不可塑的環境中，更適合經典型策略。相反地，對於市場進入門檻低、規模效益低、產業結構鬆散、技術變化頻率高、成長幅度高、法規變化日新月異的新興產業來說，需要的則可能是不同的策略。

在家用品業界中，由於企業能夠從人口和購買力的變化中大致推測出終端使用者的需求，因此經典型策略往往更加適用。在這個產業中，由於品牌強大、規模優勢明顯、基礎技術變化有限等原因，造成市場進入門檻較高，因此競爭動態相對穩定。這類產業中的企業地位波動幅度小，寶僑（P&G）、聯合利華（Unilever）等幾家公司，已經連續幾十年占據產業領先地位。[14] 與三十年前相較之下，現在的基本消費品的規模收益（returns to scale）依然持平。在這樣的環境下，企業可以根據自身的品牌規模和定位、競爭者的品牌規模和定位、自身在產品開發、製造、行銷方面的能力，以及對市場變化前景的預測來決定產品的定位和定位方式。在客戶需求驅動力沒有根本性變化的情況下，這些規畫是穩定可靠的。

1990 年代之前，許多產業採用的都是經典型策略。雖然在此之後，很多產業受到技術發展和全球化的衝擊，但是，經典型策略依然適用於不少產業。有些人宣稱，持續競爭優勢和經典型策略不再有效，這種誇大其詞的說法是危險的，並且造成誤導。

然而，一些長久以來較為穩定的產業，確實需要採取新策略。以電力產業為例，在這個業界中，經典型策略的特徵根深柢固：需求隨著經濟的成長而增加，一切可以預測；由於市場進入門檻高、相關法規嚴格、業界結構保持穩定，即使是重大石油危機，都沒能從根本上改變這個產業競爭結構或基礎。然而，隨著成本價格長期波動，替代能源興起，排放物法規日趨嚴格，再加上日本福島核災（Fukushima disaster）之後，政府對核能實施制裁，電力公用事業現在需要採取趨於適應型策略以彌補經典型策略的不足。[15] 例如，企業逐漸嘗試實現能源多樣化，推出像是太陽能電池板之類的新科技，不斷地更新商業模式，增添更多類似智慧家居技術的服務。[16] 同樣地，其他許多產業已經放棄經典型策略，或者，亟需採取經典型策略。

我們曾見識過經典型策略的力量，但是企業只有在仔細考察自身面臨的特定商業環境之後，才能選擇制定何種策略。這個決定不應當取決於其他產業的歷史沿革、普及程度、一般趨勢或流行的管理理念。你不能因為經典型策略在過去行之有效就認為它在今天仍然適用，但也不能因為其他產業都轉向一個更具動態性的策略，就覺得經典型策略必然失效。

然而，我們依然看到人們經常由於錯誤的原因，採取或**沒有**採取經典型策略。

你是否處在經典型商業環境中？

想想看，你的工作所處的業界環境。如果以下的判斷屬實，那麼，你面對的就是經典型商業環境：

✓ 產業結構穩定；

✓ 產業競爭基礎穩定；

✓ 產業發展前景可以預測；

✓ 產業可塑性低；

✓ 產業成長平穩持續；

✓ 產業集中度高；

✓ 產業成熟；

✓ 產業基於穩定的技術；

✓ 產業法規環境穩定。

經典型策略的應用：制定策略

傑克・威爾許（Jack Welch）曾說：「在現實生活中，策略其實非常簡單。只要選定一個方向，然後盡全力貫徹執行即可。」[17]策略真的像威爾許說的那麼簡單嗎？讓我們檢驗一下經典型策略的實踐情況就知道了。

我們通常認為，策略由規畫者絞盡腦汁制定完成，再交予其他人執行。然而，思考（制定策略）和行動往往沒有連動。如果策略無法有效執行，不能說這個策略是成功的。我們會看到在策略制定和執行之間連結緊密，而且這種連結取決於制定策略的方法。接下來，我們進一步瞭解不同方法的制定步驟與每個步驟之間的關連。

【案例】

昆泰（Quintiles）如何制定策略

藥品的研發工作需要花費數年之久，先要進行臨床前的各項工作，再進行臨床實驗，最後才能生產出產品。昆泰是全球最大的臨床研究機構，為醫藥公司提供生物製藥開發服務。像昆泰這樣的公司便處在一個十分利於規畫的產業。[18]（按：2016年，Quintiles與專業醫藥資訊公司IMS Health合併為QuintilesIMS）

「我們之所以能夠採取經典型策略，正是因為我們所面對的商業環境是可以預測的。」昆泰執行長湯姆·派克（Thomas H. "Tom" Pike）說：「我們多少能夠瞭解生物製劑服務提供商往後幾年的營運情況。雖然藥物在實驗階段失敗會帶來一些變化，但我們可以透過規畫來控制這樣的風險。我們和外包廠商的關係，黏度也相當高，因為我們的客戶不願意有太多變化，雙方都為培養長期合作夥伴關係投入了大量人力、物力。」

為了制定規畫（通常以一份正式檔案的形式呈現），派克每年都會主持年度規畫議程。自從派克於2012年出任昆泰執行長以來，他鼓勵公司採取一種更加系統化而且更為前瞻的規畫制定方法，採用了「一隻腳踩現在，一隻腳跨未來」的策略。

派克強化了專注、效率、規畫、負責等經典型原則，為公司在飛速發展的同時取得持久的成功打下了堅實的基礎。

他解釋說，制定規畫的目的是「協助公司擴大規模和發展業務組合，由此我們可以在不同用途、客戶、地域等方面擴大業務規模並取得多樣性的優勢。昆泰擁有龐大的資產和競爭優勢，例如我們的員工遍及全球，我們的工藝技術成熟，科學治療知識豐富，定量分析專業技能完備。我們著眼於如何最大限度地調動這些公司的內部能力來滿足客戶的需求。我們公司的規模讓我們有能力比競爭對手更快地進行投資，並保持領先地位」。

策略規畫抓住不斷增多的機會，派克說：「我們的主要業務展開得有條不紊，所以現在問題在於如何百尺竿頭，更進一步。」

除了強化現有優勢資源，派克也鼓勵昆泰的高階主管展望未來，思考產業發展對客戶的影響。基因體學（genomics）、大數據（big data）、客製化醫療、以價值為導向的醫療，和其他趨勢之間的相互融合，正在推動醫療產業不斷加速變化。

從這個角度來看，將來或許需要一個更具適應而且更為可塑的策略，而且必須逐漸加強對資訊、合作及和創新的關注。

派克關注醫療相關領域不斷變化的需求，只要公司有能力支持，他便會抓住這樣的機會。他承認：「抓住機會的同時，仍必須維持公司自身的優勢，而這些優勢來自於明確的目標和當責。」派克開始把這些新理念添加到經典型策略之中。

　　制定經典型策略分為二步驟：一是分析市場吸引力、競爭基礎和公司競爭力；二是制定規畫（預測上述因素、明確目標定位、制定達到目標所需的步驟）。

　　聽起來很熟悉？理當如此。在調查中，我們發現在採用經典型策略的公司中，有將近 90% 做出預測，有 80% 將這些預測轉化成長期規畫。但風險也就在這裏，有道是「親近生慢侮」，過於熟悉反而容易疏忽怠慢，導致策略制定過程就可能變得機械化、制式化，或是過於複雜化。深入思考很容易被按部就班或投機取巧所取代。

　　要想制定有力的規畫，並且產生實際影響，企業在制定經典型策略的過程中應該使用熟悉的工具，以產生**全新的、空前的、不自在的、意料之外的**（new, unfamiliar, uncomfortable, and unanticipated）想法，這樣才能超越競爭對手。企業在制定規畫的過程中可能會遇到不舒服、意外或是與往年不一致的現象，而這恰恰有可能代表了一個出色的策略規畫流程。換言之，就像前述瑪氏的例子所展現的那樣，清晰的程序無法取代清楚的思考。

分析

市場吸引力：企業的定位

　　有鑑於經典型策略的目標，是在既定市場中確定一個具有吸引力的定位，那麼成功的第一步就是準確定位具有吸引力的市場。這個步決定了企業在市場中應處的位置，以及企業在市場中不應該處在的位置，這個點同樣重要。就像波特所寫的那樣：「策略要求你在競爭時有所權衡，也就是選擇『不要』做什麼。」[19]這句話或許聽起來微不足道，或是過於淺顯。然而，公司需要經過仔細考量才能確定其市場，再把市場細分為合適的板塊，並界定每個板塊的吸引力有多大。企業應當避免對熟悉但卻可能沒有吸引力的市場緊抓不放，或是對陌生但具有吸引力的市場置之不理。企業忽視選擇而盲目追求成長是最不明智的做法，因為成長**本身**（per se，拉丁文）並不是策略（growth per se is not a strategy）。

要確定自身定位，企業需要採取一些必要的步驟。首先，摸清市場狀況，用審視的眼光來看待現有市場的邊界。對產業展開深入分析可能會帶來驚人的發現，而這樣的發現會對公司的策略方向產生立竿見影的影響。例如，德國鐵路運輸（Deutsche Bahn）現在之所以能夠更有效地與航空公司展開競爭，是因為它正確地將其所在的市場重新定位成包含高鐵和短途航空的中途旅行市場。[20]

接下來，企業需要識別並瞭解細分市場的情況。許多公司會根據易得的資料、現有的產品種類、子公司和人口分布等因素，原封不動地選擇細分市場，但企業只有透過詳盡深入的分析才能真正瞭解需求背後的驅動力以及競爭範圍。例如，跨國酒類公司帝亞吉歐（Diageo）根據消費場合來細分客戶，而不是以事業部（BU，business uint）或人口分布。該公司將消費情境分為多人參與的狂歡社交（high-energy occasions，例如開派對和上夜店）、少人數參與的微醺社交（low-energy occasions）或一人獨酌。如此細分情境讓帝亞吉歐能夠更加準確有效地定位其品牌。例如，旗下的蘇格蘭威士忌（Scotch）品牌群，主要針對微醺社交或是一人獨酌的情境，而像伏特加思美洛（Smirnoff）這樣的品牌則針對較為該公司設定為狂歡社交場合。[21]

　　最後一步就是客觀評價哪個細分市場更有吸引力。企業既要著眼於整體，同時也要具有前瞻性，必須將指標（如利潤、成長）和定性因素（如進入障礙、競爭程度、供應商、客戶的競價能力）結合在一起進行分析。應避免受到那些任由企業擺布的資料影響，也不要蒐集那些有關企業所在細分市場的重複資訊，否則企業就會有停滯不前的危險。

【案例】

華為（Huawei）的市場定位

　　全球領先的通信設備公司華為（Huawei），透過做出一連串謹慎的市場定位選擇，在年營收約 400 億美元的基礎上保持繼續穩定成長。[22]根據華為技術公司輪值執行長（按：輪值執行長是華為經營管理與危機管理的最高責任者，並根據授權，召集和主持公司董事會常務委員會和經營管理團隊的相關會議。）郭平的說法，企業策略「毋庸置疑，就是尋找定位」。華為一開始採取「鄉村包圍城市」的策略，尋求在中國大陸的鄉村市場取得主導地位，因為在那裏來自大企業的競爭較少。之後，隨著華為日益壯大，它開始打入成長迅速但更具競爭力的中國大陸城市中心。直到公司足夠強大，華為才開始拓展海外市場。一開始打入像巴西、俄羅斯、泰國這樣的新興市場，最後才進軍像英國、法國、加拿大這樣的第一世界國家。[23]郭平解釋：「我們依賴於規模，所以在進入發達市場之前，我們先打入龐大而競爭小的市場。」運用同樣的原則，華為首先將力量集中在通信設備，為類似沃達豐（Vodafone）、英國電信（British Telcom）、T-Mobile（一家跨國行動電話營運商）、加拿大貝爾這樣的大型電信公司提供服務。[24]直到最近，華為才開始進軍消費品市場，為一些未得到充分發展的市場提供手機，因為在那裏華為可以占據主導地位。這樣的市場不僅包括中國大陸，還包括非洲的幾個國家。[25]

競爭基礎：如何定位

在任何一個既定的經典型市場，優勢都來源於以下三個資源之一：規模、差異化或強大的內部能力。某個市場對某個群體來說具有吸引力，是否就意味著對你也具有吸引力？你的公司面對的市場吸引力取決於市場競爭基礎和你的公司在那個市場的競爭力之間的關係。因此，你需要先確定競爭基礎是什麼。

要瞭解競爭基礎，得先看看市場上所有公司的市占率與利潤之間的關係，這個關係會幫助你瞭解市場的遊戲規則。如果彼此之間高度正相關，那麼該市場可能就是由市占率（或市場規模）驅動的。如果彼此並非正相關，那麼專業領域的差異性，或者具有地域限制的分散市場在當地的規模都會對市場造成負面影響。最差的情況就是，市場停滯不前，產品高度商品化且退出成本很高。在這種情況下，市場對誰來說都不具有吸引力（圖 2-2）。

規模市場、差異化市場、專業化市場都可以賺錢，因此表面上看起來很吸引人。然而，在不同類型的市場中取勝需要不同的方法。企業需要瞭解利潤是怎麼產生的，從而決定在市場中打拚能不能贏。

競爭定位：如何成功

在定位分析的最後階段，企業會確定與競爭對手相比自己具備哪些潛在競爭優勢。換言之，你決定公司怎樣透過規模、差異化或是內部能力來展開競爭。

如果公司已經占據龍頭老大的市場地位，那麼把重點放在規模上。如果公司排不上產業前三名，那麼即使投入鉅資搶占市占率，成功依然無比艱難。BCG 矩陣中有時的確會取得成功，例如趁競爭對手沒有防備之時發動攻勢。但是布魯斯‧亨德森卻提倡賣掉那些「寵物」，意即在成長緩慢的市場裏市占率較低的業務。他表示，一個穩定且具有競爭力的產業趨向於朝著一個最終狀態發展：在這個最終狀態中，只有三個主要的企業是可獲利的。[26]奇異（GE，General Electric，通用電氣）前執行長傑克・威爾許（Jack Welch）設定的標準更高，他堅持要求奇異必須在業界保持第一或第二的地位。[27]

　　為了保持以規模為基礎的競爭優勢，公司應該拚命保住市占率。然而，為了規模效應而擴大規模的方法值得商榷，因為規模帶來的持續優勢並不是既得的。如果企業沒有透過努力提高效率來積極探索規模帶來的潛在優勢，那麼規模最大的企業並不能持續實現低成本。亨德森說：

　　「與規模擴大同時產生的直接或間接的成本降低，並非自然生成。關鍵取決於競爭管理機制，管理者會在擴大規模的同時尋求把成本壓下來。從這個角度來講，規模和成本之間的關係是常態而非必然。」[28]

　　如果沒有規模優勢，那麼差異化也是很好的選擇，特別是當成目標的利基市場具有一定規模，而且公司的產品足夠獨特，能夠避免來自主要低成本企業的競爭時尤其如此。成功的差異化策略能夠幫助企業在利基市場為客戶提供足夠有價值且獨特的產品。獨特性從其本意上說並不意味著新穎，因為某些附加的元素並非人們真正所需，而且會使產品變得更加複雜、成本更高。獨特性意味著針對客戶的某個偏好，對產品做出別具匠心、富有價值的處理。

　　利基市場中的企業必須善於發現、區分並妥善處理這些潛在的細分市場需求。例如，戶外服飾公司專門為戶外運動愛好者，生產具備獨特功能的服裝（按：例如排汗、速乾、通風、涼感或保暖等），因此它們可以在競爭激烈的時尚和服裝業與對手一較高下。

　　最後，就算企業沒有規模優勢，難以實現差異化，有時也能取得成功，專注建構並發展更強大的內部能力，是它們的制勝法寶，而這樣的能力對各個市場的客戶來說都非常寶貴。

　　內部能力應當難以被取代（無法模仿、不可替代）、意義深遠、具有差異化（稀少）、與客戶息息相關（有價值）。雷富禮（Alan George Lafley）領導下的寶僑，就是以內部能力為基礎制定策略的最好例證。寶僑在不大熟悉的產品領域（如空氣芳香劑、刮鬍刀等），為了獲取有利的市場地位，透過在行銷和供應鏈管理方面合理分配核心實力的方法，最終實現了持續多年的高成長。[29]

【案例】

馬恒達（Mahindra）：靠定位取勝

　　印度商馬恒達集團（Mahindra）是一家多角化經營、市值 167 億美元的國際企業。該企業擁有十八個部門，透過強有力地執行注重規模與定位的經典型策略尋求競爭優勢。[30]在某些事業領域（例如曳引機），馬恒達在全球是毋庸置疑的領跑者，並由此占盡規模優勢。但對於其他事業項目，該公司透過專業化和利基市場定位取勝。集團總裁阿南德・馬恒達（Anand Mahindra）表示：

　　「對於公司如何在市場上運作，我們的觀點並非一成不變。我們想要在細分市場中領先，但問題是，『如何定義你所謂的細分市場？』」

　　例如，在其汽車業務以及其他許多業務領域，馬恒達集團採用利基策略，在一個界定明確的細分市場領跑。馬恒達總裁告訴我們：「我們是印度第二大汽車製造商，但在全球，我們仍是無名小卒。所以，在交通工具業務方面，我們在全球市場上只做運動休旅車（SUV，Sport Utility Vehicle）和越野車，我們以此實現差異化，並藉由承接交通工具領域的各種終端業務（back-end operations）擴大規模。」同樣地，關於資訊科技的相關業務，馬恒達表示：「我們並不追求絕對的規模：我們想要找到三至四個我們能夠占據領先地位的垂直市場（如電信市場），然後在這些垂直市場取得成功。」

規畫

馬恒達：規畫與挑戰

　　馬恒達制定規畫的方法以競爭為基礎，別出心裁，分為多個步驟。這種方式使得該公司得以制定出健全、詳盡的規畫和預算方案，如這個來，有助於其每個事業部（business unit）實施策略。從較早成立的曳引機事業部，到新設的物流事業部，十八個事業部全部參與集團年度規畫。首先，十月份每個事業部都會進入「策略作戰室」（strategy war rooms）研討。部門領導階層提出策略建議，而身為內部顧問的「馬恒達策略團」則扮演競爭對手，並提出十一個問題當成考驗。之後，在稍晚的十月舉行的藍籌股集會（Blue Chip Gathering）中，業績排名前五百位主管，針對未來趨勢、主題、挑戰等主題進行預測，以刺激並推動策略制定的進程。接著，隔年二月，每個事業部都會進入「預算作戰室」（budget war rooms），核心領導階層與部門管理階層設定指標和階段，並以此開發平衡計分卡（BSC，balanced score card）。馬恒達總裁強調清晰（clarity）和當責（accountability）：「我們深度探討規畫中的每一個細節，甚至在生產現場都能看出年度經營規畫對其產生的影響。」最後，在「營運作戰室」（operation war rooms）中，領導階層全年都能檢查業務部門對預算和規畫的執行情況。重要的是，該公司發現了業務的不同，並採用多種方法應對這些差異。具體來說，基於業務生命週期的不同階段，馬恒達會修改規畫方案。對那些更易預測、更加成熟的業務，規畫可能相對固定。但在更新的領域，公司會著重於根據學習積累，更加頻繁地改進規畫。透過運用內部風險模型，其他新業務的管理變得更加自主。在接下來有關適應型策略和雙元性創新（ambidexterity）的章節中，我們將進一步探討這些不同的策略制定方法。

利用市場和競爭分析，企業可以透過預測情況變化，設置策略方向和目標，樹立志向，並制定詳細的行動規畫以實現目標。企業可以將規畫分解成一連串需要達成的階段性目標。由於絕大多數管理者可能或自認為對經典型策略非常熟悉，所以我們會重點討論哪些因素能夠增加或減少這套無處不在的規畫方案的有效性。

制定策略方向

規畫過程普遍趨於複雜、制式化且缺乏效率。一份完備的規畫不應該僅限於年度預算的前奏，或只是確定和微調上一年的計畫。與此相反，規畫應力求深入，針對業務細節進行定制，並根據環境的改變靈活調整。

成功的經典型企業不會讓短期績效成為規畫重點。欠缺妥善的規畫過程讓公司管理階層關注並致力於短期目標，而忽略整體的、長遠的方向。與此相反，經過細心規畫的短期目標和承諾自然而然地與長期觀點並行不悖、融為一體。

從馬恒達的例子我們看到，挑戰是策略規畫得以成功的關鍵，它能夠確保出現截然不同的新觀點，並且這些觀點能夠被接納。因此，活躍的討論和重視挑戰的組織文化，是企業取得成功的基本要素。僵化的範本和常規的程式不能替代這些現實的挑戰機會，過程的複雜性也不應該排擠或削弱這些機會。

規畫過程不應該被默認為一個固定的年度週期或三至五年的發展規畫，而應當反映出公司的特定環境和變化速度。以石化巨擘殼牌（Shell）的規畫方法為例，該公司雇用了預測專家團隊來提前做出未來八十年的規畫。卓瑪・歐里拉（Jorma Ollila，按：2006 至 2015 年擔任殼牌總裁）解釋：「我們自然會密切關注短期的經濟狀況，但是我們以長期、策略的眼光看待公司的發展。」[31] 然而，當環境發生重大變化時，就連殼牌也會迅速更新其規畫，像是 2013 年北極鑽油計畫（按：殼牌於 2015 年暫停阿拉斯加北方海域的鑽油活動）和探測頁岩氣（shale gas）遭遇的困難。正如其 2012 年的永續發展報告（sustainability report）所言：「我們將這些事件的教訓，納入我們的未來規畫之中。」[32]

規畫的主要價值，在於它預先設定好了可獲取競爭優勢的路徑。但正如下面邁蘭（Mylan）的案例所示，規畫也可以視為良好的基礎來管理二方面的不確定性。首先，透過認識和建構可規畫部分，規畫為管理層關注業務的不可預測性和動態元素創造了更大空間。其次，透過在策略規畫中進行假設和深入思考，管理階層能夠有效應對意料之外的情況。此類**緊急策略**（emergent strategies）甚至可能與規畫相悖，即使規畫是透過反覆推敲而得出。

【案例】

邁蘭（Mylan）：嚴謹的規畫

　　美國製藥公司邁蘭的規畫嚴謹卻不僵化。[33]2007年，該公司的年營收為 16 億美元，主要經營範圍在美國境內。現今，它是全球最大的學名藥（generic drug，按：由各國政府規定、國家藥典或藥品標準採用的法定藥物）和特殊學名藥（specialty drug，按：在學名藥中找利基市場並著手開發，若依法申請核准透過上市，將可擁有三至五年市場專賣權。相較於學名藥，特殊學名藥可縮短開發時間、投入成本也大幅降低、成功機率大、開發風險低、上市時間快）供應商，年營收達 69 億美元。邁蘭透過醫療保健產業進步發展、可以預測、以人口為基礎的成長模式，以及醫療保健服務提供方式的變化積累資本。邁蘭執行長希瑟・布雷施（Heather Bresch）解釋說：「儘管我們所處的產業存在與生俱來的波動性，但制定高品質的策略規畫依然是可行的，而且十分重要。這種特徵不僅讓我們能夠制定規畫，而且讓我們能夠做好準備應對各種情況。」

　　基於深入的市場分析而建立起來的嚴謹的策略規畫是邁蘭成功的關鍵。這樣的規畫旨在把已知機會最大化的同時，發現新機會，避免因為習慣而重複做同一件事情。「我們把嚴謹帶入策略制定過程，允許各類業務的管理者和他們的主要合作夥伴以提供詳細分析和建議的方式展開討論。」布雷施說，「然而，我們鼓勵在整個團隊中展開積極對話和徹底檢查，以審視公司的發展現狀及傳統做事方式。這樣的規畫步驟使我們更加清楚地瞭解自己所做事情的本質和原因；清晰地定義了每個人在規畫中所扮演的角色、所承擔的責任以及同特定結果的關聯。」邁蘭不僅制定為期五年的策略規畫，而且制定為期一年的預算規畫，用以保護和發展其核心業務。該公司在探索未來成長的驅動力並努力將其變為現實的同時，為長期可持續性發展準備必要的改革方案。布雷施認為堅持制定嚴謹的規畫具備諸多好處，但只有在規畫執行過程足夠靈活、不對公司開拓思維產生束縛的情況下，這樣的好處才能顯現。布雷施說：「嚴謹帶給我們穩定，穩定帶給我們靈活性。」

在行動規畫中串連方向和目標

光有明確的目標是不夠的，規畫還應該包括**如何**達成這個目標。規畫為策略執行服務，透過創建階段性目標和標準來細化公司需要達成的目標**以及**達成這些目標所要採取的行動。

良好的、具有操作性的規畫同樣關乎公司策略措施的整體方向。這樣的規畫能夠確保珍貴的資源只分配給具備經濟吸引力且符合公司發展方向的業務項目。通常，初期的資產盈虧和策略規畫關係不大。換句話說，良好的規畫是指明到達勝利終點最短路徑的地圖，是讓全體員工團結起來向目標進發的方法，在前進途中還設置了許多檢查站。

在穩定環境中模擬策略

在穩定的環境中，管理者只需判斷何種策略是最好的選擇並制定相應的規畫即可。這個過程通常需要一段時間來分析、探索所有已知的選項，並花上較長時間對其進行優化和開發利用。

我們對穩定的環境中不同策略的表現情況進行了模擬，經典型策略成績斐然。你花費一點時間，對策略選擇進行探索或分析，直到確定找到最好的選擇。探索初期所需要的具體時間主要取決於選項數量以及它們之間的差異度。

一旦找到了正確選擇，你應該做好規畫，在可預見的未來好好利用這個策略。在一個穩定的環境中，倘若最佳策略選擇沒有帶來實質性的變化，那麼更多的探索就是種浪費（圖 2-3）。以經營檸檬汽水攤位來說，代表經典型策略的例子是尋找吸引最多客戶的位置設攤，並長久待下去，同時優化營運模式，進而在那個位置實現規模優勢。

【圖 2-3 在穩定的環境下經典型策略表現良好（模擬）】

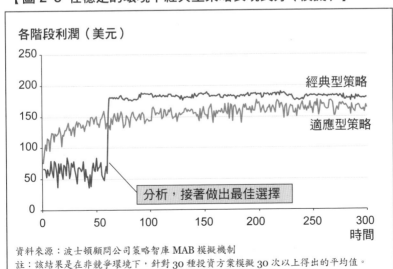

資料來源：波士頓顧問公司策略智庫 MAB 模擬機制
註：該結果是在非競爭環境下，針對 30 種投資方案模擬 30 次以上得出的平均值。

經典型策略的應用：實施策略

每一種策略都反映了策略制定和執行之間，或者說思考與行動之間重要且獨特的關係，因而成功執行策略需要一系列不同的條件。這些條件在經典型策略中可能看似清晰且熟悉，但值得深入探索。因為：第一，許多受訪的執行長告訴我們，正確執行策略的難度不亞於制定正確的策略；第二，慎重思考，選擇策略至關重要。我們能夠看到，策略選擇天差地別。換言之，執行策略並沒有放諸四海皆準的方式，不同的策略有不同的執行方法。因此，我們對於「策略」的定義需要拓展，策略包含理念、行動、文化、組織、領導力以及其他需要思想和行動的商業元素。

策略需透過管理委員會向下傳達，協調整個公司採取聯合行動才能創造實效。這種策略資訊的擴散在經典型策略中尤其必要，因為儘管規畫（通常由企業高層構思）十分重要，但優勢和價值是企業基層透過執行實現的。因此，企業從資訊管理到文化的每一個層面應同心協力，努力讓規畫得到較好的傳達。

訊息傳達

在經典型策略中，訊息傳達（資訊管理）扮演著一個關鍵、突出的角色：它傳達分析結果和規畫流程，讓公司能夠對執行情況進行追蹤。豐富的競爭資訊和市場訊息、高效的分析和業績追蹤，能夠在爭取競爭優勢的過程中產生關鍵作用。透過妥善管理資訊，經典型企業能夠比競爭對手制定出更好的規畫，更快地應對競爭動態的改變，更有效地執行規畫。

　　成功的經典型企業會挖掘新的資訊來源，或以新的角度看待現有資訊，從而獲得新的見解來推進規畫。舉個例子，英國含酒精飲料跨國公司帝亞吉歐（Diageo）透過進行很多不同時期的市場研究以深入理解客戶需求、人口和購買模式的發展情況。該公司在提高分析能力上下足功夫，如建立客戶協作中心，以最先進的技術彙整客戶、零售商和經銷商的想法，形成綜合視角。[34]

　　典型企業亦可憑藉高效的業績追蹤獲得優勢。正如管理學大師彼得·杜拉克（Peter F. Drucker，1909-2005）說過：「評估帶來進步。（What's measured improves.）」[35]有效的業績評估透過關鍵績效指標（KPI，key performance indicator）將企業層峰所制定的策略規畫，在每個層面連結每位員工的主動性，為更大的目標團結奮鬥。透明的業績追蹤提高員工更為當責（accountable），在規畫偏離軌道時提供預警訊號，並指出何時何地需要介入或假設需要重審。

　　然而，有的企業過於信任複雜的標準化報告，而不致力於監控異常情況，這些異常情況可能致使企業偏離規畫，從而大大增加工作量，或重新調整策略方向。

　　寶僑（P&G）主要銷售市場可預測且穩定的家居用品，如洗衣精、牙膏等。該公司是運用經過優化的績效追蹤手段，並從中獲益的企業典範。

　　在1980年代末到1990年代初，寶僑實施了一種全新的存貨追蹤系統，能夠監控整個價值鏈中的庫存情況。根據這些優化了的資訊，寶僑減少了庫存量和帳單錯誤，能夠先發制人地發現並解決潛在供應鏈效率低下的問題。除此之外，更重要的是寶僑從更加全面的視角分析銷售模式，透過促銷手段、季節性特點、客戶喜好等因素調整貨運量，從而達到減少零售商沒有庫存等問題。優化資訊管理模式使得寶僑的產品市占率提高四個百分點。[36]

創新

在經典型策略中，創新是一個典型的偶然發生、逐漸加深、日積月累的過程。創新說明企業逐漸認識到規模、差異化、內部能力這三個制定規畫主要因素的潛在優勢。經典型創新與願景型策略中的破壞式創新或適應型策略中連續不斷的實驗大為不同。因為經典型企業的創新能夠讓已知的、不變的優勢以及線性或緩慢的發展狀態得到改善，從而設定清晰的最終目標以及準確的階段性目標。因為在上面那樣的情況之下，創新的過程會受到限制，變得毫無益處。

經典型企業需要根據營運成本大力推進創新過程，應當以創新的期望回報來指導決策。經典型企業通常會在低成長的現金牛業務上過多地投資，從而犧牲了在回報更豐厚，但對其成長情況不夠熟悉的業務或需要創新的新業務上投資的資本。有一些最常見的經典型工具，像是BCG矩陣（BCG Matrix）就是針對面對潛力不同、發展階段不同的機會，合理分配資源而量身定做的。

組織

由於經典型策略的優勢來源相對靜止，所以企業組織需重複將某個方面做好。因此，經典型組織形式的設計原則是專門化、授權化

（將工作進行細分）、標準化，以此支援深度內部能力建設。標準化的操作過程、高度從上到下的監督、過程變化儘量減少、關注細節等都是經典型組織形式的重要組成部分。對於所有大型企業來說，這好像是理所當然的，但我們會發現，對適應型或塑造型策略的要求事實上是完全不同的，因為在這二種策略中，企業需要朝著未知或不斷變化的終點持續地進行實驗。我們認為，良好的組織形式的共性取決於所採取的策略。

　　經典型組織形式通常會展現高度的專業化，企業員工能夠逐步積累專業知識。透過這種方式，企業從各個業務的潛在經驗曲線中獲益。培訓和技能訓練往往聚焦於增強和鞏固員工在公司和職能等特定領域的專業知識，從而使他們更好地做好現有的工作。

　　對於經典型企業來說，細節決定戰敗，因為忽視增加成本效率的機會會在一段時間以後發展為競爭劣勢。經典型企業因而會注重規範和結構，從而保證策略的實施完美且有效。因此，經典型企業通常層級分明，操作流程清晰。這樣的企業透過增強標準化，減少多樣化來降低成本，經常還輔之以公司內外的基準測試。

　　執行不力的經典型組織形式可能會受到以下問題所帶來的不利影響，像是保守、派系主義、橫向交流不力、缺少合作、死板、組織過於複雜等問題。不論是經典型組織形式還是其他組織形式，沒有一種組織形式在不利影響過於凸顯的情況之下，還能夠有效地營運。因此，企業領導者需要近距離監督並找出這些潛在的不利影響。

【案例】

昆泰的組織形式

昆泰是透過經典型組織形式,把一項已知工作做好的典範。就像昆泰執行長湯姆・派克向我們解釋的那樣,昆泰以行動為導向,專注於「做」,持續將源於員工與工序的知識和見解加以提煉,並重新運用到組織中。

昆泰要求其遍及全球一百多個國家的二萬九千名員工在本份職位上做到卓越。[37]該公司提供大量的培訓機會,讓員工專注於工作並且做到最好,因為公司最終的財富來自於員工是否有能力「持續地、完美地、高效地工作」。

派克說明,昆泰要的就是專業技能,「我們需要能夠讓產業流程運作的人;需要能夠管理資料、進行高度分析的人;還需要科學、醫療方面的專家。」

為了避免經典型組織形式出現名為「死板」的常見症狀,昆泰公司有時候會採用傑克・威爾許(Jack Welch)所提出的「管理訓練」,召開高強度的直接面對問題會議,把檯面下的問題公開化,從而快速解決。[38]派克若有所思地說:「其實這樣想也不無道理,傑克讓屬下主管們一年花二十五天進行『管理訓練』,目的只是消除官僚作風(bureaucracy)。」

文化

因為經典型企業需要支援追求與靜態優勢相關的卓越狀態，因此，企業文化必須是規範的、集中的、帶有分析性的、追求達成目標的、負責任的。經典型文化反映了**行動者**（doers）的思想：對系統的大力追求並實現已知目標，然後給予回報，反映了強烈的對單個目的的分享概念。

經典型文化注重分析並以目標為導向；尊重規畫並一以貫之地執行規畫。如瑪氏公司別開生面地在公司內部實現透明化。該公司在總部裝有巨大的平面顯示器，上面即時顯示公司的財務，包括銷售、盈餘、現金流、工廠效率等資料。公開這些數據的目的在於激勵員工，因為員工的獎金部分取決於其所在部門的運作情況。這樣的激勵方式似乎頗有成效，瑪氏員工流動率很低，只有 5%。[39]

經典型企業有時候看上去並不符合人性化，而且有嚴重的官僚作風。但是，像瑪氏那樣的公司，成功地營造了一種企業文化，能夠激勵員工合作，以目的明確、團結合作、回報豐碩的方式，共同朝著一個確定的目標努力。在這樣的企業裏，目標不會變化，重點十分清晰，因此員工能夠集中精力把工作做好。經典型企業文化通常會發現並珍惜能夠對完成大目標起到作用的小成長。因此，完善的經典型企業文化能夠塑造一種工作環境，這樣的工作環境為員工個人成功提供許多機會，並且能夠讓員工對公司的目標有貢獻感和歸屬感。

【案例】

輝瑞（Pfizer）的企業文化長

晏瑞德（Ian Read）是輝瑞執行長，他曾說過這家領先全球的創新生物醫藥公司最大不同點，在於具有協同合作的企業文化。[40]在經典型商業領域，許多同類公司相互競爭。「實現規模確實讓人舒坦，」他指出了經典型策略中的一個主要因素，「但是競爭的關鍵武器不是規模，而是文化。」他繼續說道：「我們所有的競爭對手都有優秀的人才，豐厚的資金。只有擁有更好的企業文化，讓人才來我們公司，並且將技術也一併帶來，才能讓我們公司脫穎而出。」

輝瑞在公司內部推行全面的、立足於公司（而非個人）的業績角度，便於研發人員終止那些已經投入了大量精力和時間，但是成功回報不足以達到繼續投資標準的專案。這樣的企業文化基於規章制度、責任心、清晰度以及集中度。並且根據晏瑞德的說法，這樣的企業文化對輝瑞近期的營運情況貢獻頗豐。輝瑞的市場總值在 2010 至 2014 年初這段時間內幾乎成長了一倍。[41]

領導力

專注（focus），即朝著清晰且不變的目標和道路前進，在經典型企業組織和文化中無處不在。而且，在經典型企業裏，專注無疑來自企業高層。領導階層需要設定高層目標，並且弄清在何處、憑藉何種方式獲勝，監督詳細規畫的進展，並且以極高的關注度鼓勵促成該規畫。同時，企業領導者必須退後一步檢驗這種高度的關注在執行和效率方面是否會因為太過專注而導致事倍功半。

執行長在避免讓策略流於形式這個點上扮演了重要角色。經典型企業領導者必須站在最前線，激勵企業從新的角度審視所在市場，從而形成新思維。他們有眼界，也有判斷力，會質疑長久不變的假設、現有的市場定義，以及是否對唾手可得的資訊過分依賴。

在規畫週期中，身為公司領導者，必須從九千多公尺（三萬英呎）的高空俯瞰策略，而非待在谷底，受到短期甜頭誘惑，必須保證麾下的管理階層制定並致力於長期、協調的規畫。通常，制定這樣的規畫，需要努力說服公司做出艱難的選擇，因為最佳的長期決策可能與公司短期營運狀況並不一致。

一旦計畫實行，經典型企業領導者會將注意力放到細節與執行上。他們要確保全公司一以貫之地執行規畫，並對規畫懷有敬畏之心，直到（除非）出現新情況來更新規畫。

最後，企業領導者必須防止「專注」成為障礙，阻礙企業實現必要的改變。一個把注意力集中在確定的目標和方式的企業，可能無法發現並應對來自企業外部的變化，職能筒倉（functional silos，按：另譯為功能的執著，意即每個部門僅只追求該部門的目標，忽略公司整體目標）可能反映的只是部門而非整個公司的狀況，從而妨礙了整個公司做出改變。企業領導者可以跳脫公司的視角，以局外人的角度看問題，保證企業能夠在需要的時候做出相應改變，以防上述情況發生。

【案例】

沃爾瑪（Walmart）的領航者：
山姆・沃爾頓（Sam Walton）

　　沃爾瑪創辦人山姆・沃爾頓（Sam Walton，1918-1992）的領導特質，是鼓勵員工關注改變、包容改變：他熱衷於挑戰自己或是他人對於零售業的觀點，並且他對於注重細節。他是個一絲不苟的人，以至於曾經被聖保羅一家雜貨店趕出了店門，因為當地員警發現，他趴在地上測量競爭對手過道的寬度。[42] 你見過趴在賣場走道上的執行長嗎？這種對挑戰自己企業商業模式瘋狂的關注，同時不懈追求發展規模，使得沃爾瑪實現了一系列的創新，從而保護並提高了旗下零售商在市場上的競爭地位。

技巧與陷阱

正如前文所提到的，以分析的眼光確定具有競爭優勢的市場定位、制定達到這個目標的規畫，並且建立能夠嚴格執行規畫的組織形式是成功的經典型策略的基本要素。毋庸置疑，實踐這三大要素至關重要。

我們的研究表明，企業領導者發覺他們所處的商業環境是可預測且可塑造時，毫無疑問他們會傾向於選擇經典型策略。然而，在大多數情況下，人們都高估了經典型環境的可塑性，從而使得企業領導者最終選擇塑造型策略。經典型的策略規畫強調結果（目的）而不是方法（過程、內部能力），注重精確而非速度，這些都是普遍且根深柢固的觀點，以至於在實施過程中往往置實際或是已知的商業環境而不顧。

我們還注意到，受訪企業領導者有時會傾向於在經典型環境中採用適應型方式，儘管這種方式可能並不會在公司的實踐中得到反映。不合時宜地採用適應型策略，可能是受到現金管理類圖書流行的適應型觀點的影響。很明顯，即使是最廣為人知的經典型策略，依然有很多時候是被誤解或誤用的。

表 2-1 提供了一些實踐技巧供您參考，除此之外還提供了一些嘗試實施經典型策略時需要避免的常見陷阱。

你的行動是否符合經典型策略？

如果你的行動符合以下幾條，證明正在使用經典型策略：

✓ 對公司市場地位有謹慎明確的瞭解

✓ 分析市場和細分市場的吸引力

✓ 分析競爭基礎

✓ 分析公司競爭力

✓ 確定公司基於規模以及差異化或內部能力的最佳定位

✓ 預測市場發展

✓ 確定明確的短期和長期目標

✓ 制定長期穩定的規畫

✓ 建構翔實的階段性目標和業績衡量標準

✓ 一絲不苟地執行

【表 2-1 決定經典型策略成敗的技巧和陷阱】

七項技巧	八個陷阱
1.接受意外： 尋求新穎、不熟悉的見解，儘管這可能會讓你感到多少有些不安和意外，但它會讓你超越競爭對手。	**1.形式化：** 有些公司為了追求形式而採用經典型策略工具和複雜的規畫步驟。卻在執行過程中對於缺乏見解和出乎意料的情況視而不見。
2.做艱難的抉擇： 運用預測能力，為企業選擇最佳策略定位。策略不僅要確定企業在市場中應處的位置，還要確定企業在市場中不應處的位置。	**2.以預算取代策略：** 規畫過程中把重點集中在短期指標和預算上，一項糟糕的策略規畫會使企業領導者把注意力和精力放在短期目標上，而不對業務做連貫一致的長遠打算。
3.設定合理的週期： 使公司規畫週期與產業相一致，當出現新的見解時，對 規畫進行調整。一年一次，一年三次，還是兩年一次？謹慎地做出選擇。	**3.一成不變：** 如果「總是這樣」取代「應該這樣」，必將讓你陷入策略困境。使用經典型策略並不意味著維持現狀。
4.爭做前三名： 若貴公司尋求以規模為基礎的市場定位而一開始所占市占率很小的話，那麼持續創造價值將會很困難。	**4.以貪圖省事的方式區分市場：** 根據已知和現存的分類，像是當前的公司業務區分市場，而不是努力做出更加深入的分析。這種做法無法對客戶需求產生深入瞭解。
5.追求經驗曲線： 成本降低不是自然而然的，應該在銷售量增長時主動出擊，降低成本。	**5.死板的規畫週期：** 如果所處產業週期變短，而依然固守制定年度規畫；或者你根據華爾街行情，而非企業本身來制定規畫，那麼你並沒有成功地對企業做出調整使其適應特定的環境。
6.實現有意義的差異化： 根據對客戶有益且難以模仿的內部能力來實現差異化，而非根據唾手可得的內部能力實現差異化。	**6.依靠長期優勢：** 僅依靠現有的優勢資源有時可能會造成問題。雖然遞增效應是經典型策略的內在屬性，但時不時飛躍一下也是需要的。
7.謹慎創新： 在做有關資源配置創新的決定時要謹慎，就像管理支出時那樣。	**7.默認經典型策略：** 許多公司之所以宣稱運用或實施經典型策略，是因為這是其最熟悉的策略。不要讓熟悉與否成為你為公司選擇策略的導向。
	8.跟著反對經典型策略： 其他公司反對使用經典型策略，要麼因為受到最新的管理潮流的誘惑，要麼因為經濟形勢存在波動和不穩定的因素；隨風起舞可不是制定商業策略的明智做法。

第三章　適應型策略：求快

【案例】

塔塔顧問服務（TCS）：適應變化以追求成長

　　塔塔顧問服務公司（TCS，Tata Consultancy Services）是 2014 年印度市值最高的公司。透過不斷發展小型企業創新模式、迅速應對多次科技變革等措施，該公司現已躋身最成功的科技服務公司行列。[1]這種適應型策略使塔塔顧問服務公司從一家小公司成長為服務遍及全球的龍頭企業。塔塔顧問服務的收入成長速度驚人：1991 年為 2,000 萬美元；1996 年為 1.55 億美元；2003 年為 10 億美元；2014 年時已經超過了 130 億美元。從 1981 年成立印度第一家專業軟體研發中心，到 1985 年設立印度第一家非本土開發中心，到 2005 年進入生物資訊市場，再到 2011 年跨足雲端運算，塔塔顧問服務透過不斷發展應對技術環境及對企業客戶造成影響的諸多變化。[2]

　　儘管塔塔顧問服務規模很大，但也僅是多家跨足技術服務這個分散領域的公司之一。技術服務領域涵蓋了軟體解決方案及服務、諮詢顧問、工程服務及業務流程外包等方面。大多數涉足這個領域的公司所占市占率都不足 10%，因此單獨一家公司不足以決定市場走向。此外，頻繁的技術變革也帶來了更高的不可預測性。

塔塔顧問服務儘管規模龐大，卻是一個外向型企業，該公司因而能夠抓住並駕馭變革。

塔塔顧問服務在全球經濟從實體經濟到數位經濟的轉型過程中順應了環境，不斷發展。陳哲（Natarajan "Chandra" Chandrasekaran，按：2017年出任董事長）在 2009 年當上執行長之前，已經在塔塔顧問服務工作了二十年，他見證了公司服務的變革歷程。

他表示：「從資訊科技架構角度看，我們在大型機環境下就已起步，多年後適應了客戶機的環境，之後又適應了網路環境，現在也適應了數位，或者說是超連結（hyperconnected，按：人們透過網路或社群網站即時聯絡）的環境。」

陳哲認為，數位技術正在從根本上以難以預測的方式影響著公司的各個方面：「我們將重新構思每一個業務流程、重新規畫每一種商業模式、重新安排公司的內部營運模式；我們要做的就是接觸客戶，瞭解他們對數位化的看法，並據此改變我們的服務模式。」從這點可看出塔塔顧問服務要同時適應技術和客戶使用環境的變化。

技術和客戶對變革產生了需求，於是塔塔顧問服務快速而且恰當地因應。例如，該公司認識到了早期客戶的需求，並由此成立了一個專門致力於打通線上管道的業務部門。

　　適應環境的需求要求整個公司各個部門從制定策略到組織運作再到創新的各個層面都應保持外向型。例如，確立方向時，塔塔顧問服務權衡利弊，制定了一個從上到下的模式，以應對由下而上的挑戰，即核心小組提供有關各個產業垂直型關鍵市場訊息，包括產業規模、發展過程及競爭、技術、需求趨勢等。接著，在處理各項業務的過程中，制定出最能滿足客戶具體需求的方案。透過這種方式，最終的策略方向會由一系列應對特定環境變化的獨立方案以及每個產業部門面對的其他新情況彙聚而成。

　　因為未來無法規畫，所以陳哲並沒有選擇經典型資產管理方法：「我們不想看到（部門級別）的現金牛或明星。我們所要做的是為各個部門創造發展壯大的機會。」

　　塔塔顧問服務進行了多次小嘗試，之後根據各個小嘗試的成功程度，在各個部門內快速重新分配資源。這種創新方法是實驗性的，且過程很快：塔塔顧問服務公司快速進行著被其稱為 4E 模型的週期活動，4E 分別是：探索（explore）、啟用（enable）、傳遞（evangelize）與拓展（exploit）。這個模型的關鍵在於主動將研究成果推廣到不同領域、建立雛型、進行測試、正式啟動並逐漸拓展。[3] 因為從截然不同的資訊源得到的大量資訊對不同的、豐富的探索活動至關重要，所以塔塔顧問服務會重點培養其分析能力，以支持上述活動。

　　陳哲告訴我們「以客戶為中心」是塔塔顧問服務創新模式的最重要的關鍵：「瞭解並經常預先想到客戶的需求，是我們策略創新的核心，能幫助我們進行商業解決方案、服務提供方式以及服務模式的創新。」有幾項創新讓塔塔顧問服務獲得了回報。例如,該公司利用 Master Craft 整體解決方案工具提升了軟體發展程式自動化的能力,為客戶提供更快、更高品質的支援。此外,Just Ask 這個社交問答平臺讓客戶可以借由自己在策略方面獨立或大眾的知識,促成更廣泛合作,並縮短進入市場的時間。

塔塔顧問服務不僅在產品和服務方面進行了創新,還將創新嵌入商業的其他二個層面。在接觸層面,由於每種資訊科技服務專案都各有特點,公司領導階層鼓勵各個業務部門把參與方式當作創新點來思考。最後,陳哲還在員工層面培養了一種以創新為導向的實驗型思維模式。

陳哲說明:「我們有三十萬員工,也就是說公司內部蘊含的聰明才智難以估量。」例如,塔塔顧問服務公司推出了「發掘你的潛能」(Realize Your Potential)活動,針對客戶或塔塔集團的一些子公司所面臨的專業問題,進行比賽和程式設計馬拉松,所有員工均可參與。[4]

透過賦權給員工以建立勇於嘗試的模組化組織(modular organization),塔塔顧問服務不僅將規模做大,而且相當靈活,這是一項了不起的成就。陳哲從 2009 年上任以來,公司員工數已經從之前的十四萬名成長一倍。[5]

陳哲說:「雖然公司規模很大,但我們不能僵化,所以我們設立了二十三個部門,每個部門專為一組客戶服務。(這些部門)雖然擁有同樣的基本組成部分,但可以實施自己的策略。我們不要階級制度,我們要的是組織網路。」

塔塔顧問服務對重新構思公司如何營運、如何合作做出了多種嘗試，如建立Vivacious Enterprise 社會協作平臺等，目的是在公司龐大且分散的員工群體中培養融入感。[6]當然，規模是塔塔顧問服務的優勢，它在近五十個國家展開業務、全球大客戶可與之建立可靠的合作關係，而且該公司還是僅次於IBM 的純資訊科技公司。[7]但和經典型公司不同的是，塔塔顧問服務之所以能夠成功，並不是因為其規模龐大，它之所以能夠成功發展出如此大的規模，反而是因為其採取適應型策略。

適應型策略：核心理念

在可塑性低且優勢轉瞬即逝的商業環境中，企業為了成功必須做好快速適應的準備。正如陳哲在技術服務產業轉型中意識到的，透過不斷調整，適應新的機會與條件，適應型策略可以促進成長，保持優勢（圖3-1）。

【圖 3-1 適應型策略】

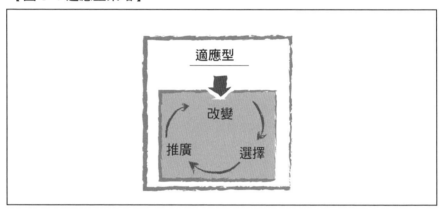

適應型策略和經典型策略一樣有著自己獨特的思路。採用適應型策略的公司透過尋找新選擇不斷變化經營方式，並從中挑選最有希望成功的方式，繼而對其進行拓展，接著重複這個過程。

借用之前的藝術比喻，適應型策略就像在不斷變幻的光影下畫風景畫。你需要將視線專注在要畫的物件上，快速運筆，不斷修正，直到抓住飛逝的瞬間，然後再去捕捉下一個畫面。

策略並非來自分析、預測及從上到下的命令，而是產生於**改變**（vary）、**選擇**（select）、**推廣**（scale up）思路的不斷重複。透過比

競爭對手更快速、更有效地重複這個思路，採用適應型策略的公司
技壓群芳，但經典型意義上持續競爭優勢（sustainable competitive
advantage）遭到連續暫時優勢（serial temporary advantage）取
代。正如新聞集團（News Corporation）創辦人兼執行長梅鐸
（Rupert Murdoch）所言：「世界處於快速變化中，以大勝小的局面
不復存在，取而代之的是以快制慢。」[8]

　　適應型策略與經典策略有著根本的不同：它並沒有將某種規畫當
成重點，並沒有一種不變的「策略」，適應型策略的重點在於實驗，
而非分析或規畫，優勢是暫時的，且重點在於方式，而非結果。我們
會在接下來幾章探索這些差異及其意義，不過在此之前，讓我們再來
分析一個實踐適應型策略的例子。

【案例】

為何速度和學習至關重要：颯拉（Zara）

西班牙時裝零售品牌颯拉（Zara），是在極難預測的產業中積極適應的典範。[9]新一季到來之前，時裝零售商很難預測黑色是否依然流行或者其他顏色是否會成為流行色。實際上，就算在當季，客戶的喜好也會經常變化。以往大多數零售商依靠預測決定客戶想要穿的服裝。可大多數零售商都會出現預測錯誤的情況，從而承擔嚴重後果，那就是每年至少要將其多達一半的庫存做半價拋售。

颯拉隸屬的蒂則諾紡織工業控股公司（Inditex，以下簡稱蒂則諾）對這種損失非常不滿，決定在生產及零售方面實施適應型策略。控股公司在 1975 年颯拉進軍市場時，將**快時尚**（fast fashion）引進時裝業。颯拉並不預測客戶可能想要的服裝樣式，而是根據客戶實際購買的服裝樣式做出更快回應。

颯拉透過二種方式做到了這個點。第一，颯拉縮短了自己的供應鏈，將生產工廠轉移到更靠近客戶的地方，並且願意為獲得更大的靈活性投入較高的生產成本。

在各項措施之中，公司重新為美國市場和歐洲市場分配了服裝廠，將之從東亞地區轉移到更靠近終端市場的地方，像是墨西哥、土耳其和北非國家等。近距離供貨是蒂則諾組織模式成功的要素。縮短的供應鏈將產品從設計工作室到主要街道零售店的時間減少至僅需三個星期，比產業平均供貨時間縮短了五個月。[10]

　　第二，颯拉只會少量生產某種風格的衣服。實際上，所有衣服都是即時參與市場的實驗品，那些迅速被搶購一空的成功款式會被挑選出來大量生產。比起競爭對手，颯拉零售店測試了更多款式，確保客戶的積極參與，並做好繼續生產的準備。颯拉在新一季開始前 六個月用於開發當季 15～25% 的產品，新一季開始之初，僅鎖定生產 50～60% 的產品，而產業平均生產率為80%。因此，颯拉約有 50% 的衣服都是在季中生產的。[11] 如果哈倫褲（harem pants，按：俗稱飛鼠褲）和皮褲突然開始流行，颯拉就會快速反應，設計新款式，在某個流行趨勢達到巔峰或衰退之前送至門店。

【圖 3-2 Zara 在時裝產業實施適應型策略帶來了高回報】

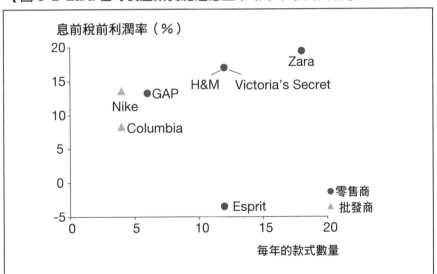

資料來源：Capital IQ、波士頓顧問公司估計；波士頓顧問公司專案經驗；公司年度報告
註：息前稅前利潤率（EBIT）

　　這種方法的效果非常明顯：2010 年，颯拉的折扣商品（減價商品）只占庫存的 15～20%，與產業平均水準 50% 形成鮮明對比。[12] 此外，儘管颯拉的直接生產成本比其他生產中心基本位於遠東地區的競爭公司高，但某一時期的利潤率為產業平均水準的二倍，且零售店的存貨周轉相當高，帶來了高額的投資回報（圖 3-2）。

你可能已經知道的事

適應能力的優勢由來已久。達爾文（Charles Darwin, 1809-1882）最先在生物學領域認識到了進化的力量，也就是適應力。而適應型策略主張策略並不是總能提前規畫好的，速度和靈活性帶來競爭優勢，這種觀點很大程度上受益於進化論。

1970年代末期，亨利・明茲伯格（Henry Mintzberg）主張，有時公司會不自覺地將資金投到制定**應急策略**（emergent strategy）上。這些策略並非經過深思熟慮所得出從上到下的規畫，而是在醞釀已久的規畫執行過程中偶然出現的。

1980年代，理查・納爾遜（Richard Nelson）和西德尼・溫特（Sidney Winter）探索出進化經濟學理論（evolutionary economics），認為經濟發展的基本就是適應。波士頓顧問公司的領導者湯姆・豪特（Thomas "Tom" Hout）和喬治・斯托克（George Stalk），基本上在同一時期率先提出了**時基競爭**（time-based competition）的概念，說明優勢可以通過減少過程中的迴圈時間獲得，比如新產品開發及生產過程。時基競爭的核心是更快執行現有任務，相反地，適應力也要求公司學會如何快速且高效地完成新任務。[14]1990年代末期，查理斯・法恩（Charles Fine）提出了**暫時優勢**（temporary advantage）的概念，認為優勢的持續時間愈來愈短，公司需要調整自己的策略時間，適應產業的時鐘速度（clock speed）。同時，凱薩琳・艾森哈特（Kathleen M. Eisenhardt）提出，在極不確定的情況下，以**簡單規則**（simple rules）為指導原則，代替複雜的規定和指令，可以增強組織和策略的靈活性。莉塔・岡瑟・麥奎斯（Rita Gunther McGrath）也率先提出了**應變式**

規畫（discovery-based planning，按：另譯為發現導向規畫）的理念，也就是規畫不再是用以評估績效的產量預測，而是為發現而制定的規劃，達到學習效果最大化、成本最低的效果。[15]

最後，波士頓顧問公司在2000年代（二十一世紀第一個十年），提出**適應型優勢**（adaptive advantage）的概念並使之商業化，說明客戶應對不斷增加的變化和不斷提高的不確定性。這一概念詳細說明了公司如何在實踐中替換從上到下的規畫，實現由下而上的策略實驗。[16]

什麼時候採取適應型策略

適應型策略只適用於既難以預測又難以塑造的環境。

那麼，該如何認識適應型環境？最基本的一點是，在技術、客戶需求、競爭產品或產業結構出現持續巨變，無法依靠預測產生精準、穩定的規畫時，才應該選擇適應型策略。上述環境的表現為不穩定的需求、產業排名和收入；預測大幅失準、預測目光短淺等。

從上述衡量標準來看，許多產業中的動盪情況更加頻繁且不確定性風格愈來愈顯著，影響時間比以往各個時期更長（圖3-3）。1980年代之前，不到三分之一的企業經常受到動盪的影響。但全球化加速了技術創新、加劇了反常現象並加強了其他影響因素，因此現在大約三分之二的業務部門都會受到動盪的影響。[17]

【圖 3-3　回報的不可預測性持續成長】

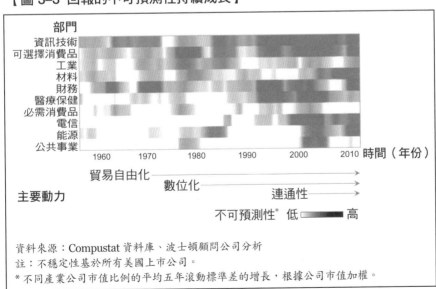

資料來源：Compustat 資料庫、波士頓顧問公司分析
註：不穩定性基於所有美國上市公司。
* 不同產業公司市值比例的平均五年滾動標準差的增長，根據公司市值加權。

　　自 1950 年代起，公司營業毛利動盪不大，但在過去三十年間卻成長了一倍。此外，跌出產業收入前三名的公司從 1961年的 3%上升至 2002 年的 17%，而 2013 年，這個比例約為 8%。這些公司的市值也縮水了：市占率最大的三家公司，同時也會成為獲利能力最強的三家公司，從 1955 年的 35% 下降到 2013 年的 7%（圖 3-4）。

【圖 3-4 經典型競爭優勢來源逐漸消退】

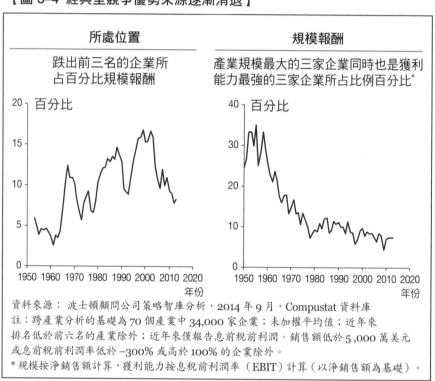

所處位置

跌出前三名的企業所占百分比規模報酬

規模報酬

產業規模最大的三家企業同時也是獲利能力最強的三家企業所占比例百分比*

資料來源：波士頓顧問公司策略智庫分析，2014 年 9 月，Compustat 資料庫
註：跨產業分析的基礎為 70 個產業中 34,000 家企業；未加權平均值；近年來
排名低於前六名的產業除外；近年來僅報告息前稅前利潤、銷售額低於 5,000 萬美元
或息前稅前利潤率低於 −300% 或高於 100% 的企業除外。
* 規模按淨銷售額計算，獲利能力按息稅前利潤率（EBIT）計算（以淨銷售額為基礎）。

　　有些產業深受翻天覆地的動盪局勢所打擊，包括軟體業、線上零售業、半導體業以及前述的時裝業颯拉（Zara）。上述產業內的大多數公司應該思考實施適應型策略，就算其業務不能全部實施適應型策略，也應在其一部分業務實施適應型策略。

實際上，現在這種產業動盪非常普遍，即使大部分資本密集型產業的企業主要採用經典型策略，現在也需考慮採用適應型策略。以採礦業和金屬業為例。2000 至 2010 年，金屬和礦產價格的波動幅度是 1990 至 2000 年的六倍。[18]大多數礦產及金屬企業都發現，由於週期長、資本投入規模大，靈活恰當的營運方式難以實現。然而，這些企業面臨著愈來愈大的壓力，需要找到新方法，提高靈活性。因為即使價格或需求波動再小，對於高固定成本來說，也會造成嚴重的收入損失。因此，這個部門的幾家公司試圖縮短資本循環週期、對愈來愈多的小資產企業擴大投資、分擔所有權風險、使之營運更為靈活，並且透過建立以資產為基礎的貿易部門充分利用不確定性。正如必和必拓集團（BHP Billiton）執行長雅克‧納塞爾（Jac Nasser，按：現任總裁）於 2013 年 9 月所說的：「所有資源型企業都需要提高生產力及靈活性，適應這個更具挑戰性市場的變化。」[19]

因此，準確評估環境至關重要。但我們的研究表明，很多企業在客觀上面對適應型環境時都沒能將之當作適應型環境看待，因為他們更傾向於高估自己可以預測和控制的程度。相反地，儘管總體來說，動盪仍呈上升趨勢，但適應型策略並非仙丹靈藥，而且必須在適當的情況下有選擇性地應用。正如第一章所講，很多情況下，經典策略仍是正確的選擇。

你是否處於適應型商業環境中？

如果符合以下情形，你就是處在適應型環境中：

✓ 產業不斷變化

✓ 產業發展難以預測

✓ 產業難以塑造

✓ 產業呈高成長趨勢

✓ 產業的結構不成體系

✓ 產業並不成熟

✓ 產業以變化的技術為基礎

✓ 行規不斷變化

適應型策略的應用：制定策略

由於適應型策略始終產生於企業內部的反覆實驗，因此需要思考和行動統一。思考與行動同時進行，這是適應型戰

略從本質上與經典型策略不同的地方。經典型策略由相繼發生的二階段構成：1.分析與規畫；2.執行。這些活動由企業的不同部門進行。對適應型策略來說，將制定策略和執行策略分離是致命的，因為這樣會減慢學習過程。因此，這個章節中的策略制定涉及從**掌握**變化訊號到管理實驗贏利的全過程。這個章節的實踐部分以更廣闊的組織性環境為背景，支援上述過程，並確保其得以實現。

實施適應型策略知易行難。領導者們使用適應力這個詞的頻率愈來愈高，他們會提到VUCA環境，即波動（volatility）、不確定性（uncertainty）、複雜性（complexity）以及模糊性（ambiguity），也會讚揚靈活性及適應力的好處。[20] 然而，我們之後會提到，很多企業依舊緊緊抓住從上到下、週期較長、以規畫為中心的經典型策略。

適應型策略包括識別並理解改變的訊號，管理以高機會或最脆弱的領域為重點的各種實驗的投資組合。這樣做的目的是以比競爭對手更快、更經濟且更有效的方式快速完成改變、選擇、推廣的週期，創造並更新暫時性優勢。

和經典型策略不同的是，適應型策略沒有預設結果，因為在不可預測的環境中，結果並不可知。策略重複地出現並演化。因此，如果實施適應型策略的企業領導者們討論**特定的**策略，必然不得要領。企業領導者可以確定重點關注領域、一個大致的方向或者某種強烈意願，但具體的策略都是自然發生並且充滿活力的。相較而言，實驗的方法必須經過深思熟慮。與經典策略相比，適應型策略必須承擔風

險，還需要創造力，因此似乎毫無章法。但適應型策略需要貫穿一套迥然不同的規則，從創造新選擇到決定如何測試或選擇有前景的策略，再到確立如何將資源從前景較差的專案轉移到有潛力的專案上。

識別變化的訊號

正如獲得諾貝爾獎的丹麥物理學家尼爾斯・波耳（Niels Bohr，1885-1962，量子力學之父）所說：「預測本來就不容易，預測未來更是難上加難。」那麼，公司無法藉由預測確定方向時，究竟該怎麼做？

企業想要因應並且駕馭改變，首先要觀察，盡力多瞭解。觀察改變時，企業需要**掌握**正確的資訊，並進行轉換，區別非重要變化和重要變化（重要變化即可能會帶來威脅或機會的變化）以及可預見、可瞭解的因素和當前無法瞭解、尚需探索實驗的因素。若要理解變化的**重要性**（significance），企業需要透過發現和重新思考盲點與潛在假設（assumption），來質疑和挑戰它們認為自己已經知道的內容。因此，外部的變化訊號可能直接預示著機會或威脅，或者以相對間接的方式指出企業需要透過實驗獲得更多資訊的非確定性內容。這種方式下的實驗不必盲目，而應將其當作具有指導意義的學習過程。[21]

掌握**正確的**（right）資訊對持續獲得有關需求或競爭領域變化的新看法極度重要。在日本，全球食品雜貨連鎖店 7–Eleven 在二十一世紀初擁有非常重要的資訊優勢，其方法是利用銷售管理系統（POS，point-of-sale）以及其他變數，比如客戶統計資料，甚至當天的天氣和時間。得到資料後，公司可以即時測試假說（hypothesis）

並且驗證這些變數如何促進銷售，因此，7–Eleven可以在實際條件下確認銷量較好或銷量較差的商品。如此一來，價格、搭配、促銷以及布局可以在每天，甚至在幾小時的基礎上做到因地制宜，達到最佳效果。例如，7–Eleven的系統可以根據附近新開的建築工地追蹤午餐盒的需求變化，以單個店鋪為基礎，快速調整搭配商品。[22]

　　通常情況下，有用的資訊近在咫尺，輕易就能獲得。比如說，可以從與客戶、供應商以及其他利益關係者的交流中得到。但這些資訊可能需要透過資料探勘（data mining）和分析來進行蒐集和解讀。企業必須能夠解讀大量資料與背後的模式，並且搶先快速做出反應。企業只靠**掌握**（possessing）資訊而保持優勢的時代已逐漸遠去：企業擁有的資訊可能很快就會失去相關性，或者需要進一步整理資訊。

　　理解變化重要性的同時，企業必須培養自知之明，避免自以為是。在變化的環境中，這種資訊地圖也會經常變化。在某些情況下，企業不能充分利用得到的新資訊，意即**待開發所知**（underexploited knowns）或**大象**（elephants）。還有一些資訊可能你誤認為自己知道，即**假性所知**（false knowns）或**獨角獸**（unicorns），可能仍需質疑。最有挑戰性的是，有些事物在變換視角或進一步實驗之前並不可知，即**雙問號**（double question marks），或者借用美國前國防部長唐納·倫斯斐（Donald Rumsfeld）曾經說過的**未知的未知**（unknown unknown）（圖 3–5）。[23]

　　可以理解的是，大企業很難識別並解決這三種類型的盲點，因為大多數大型企業的世界觀都帶有經典型偏見。企業認為自己非常瞭解市場或競爭格局，因此只想看到不顯著的變化。

　　美國多家汽車大廠以及油電混合車的案例，可以當成「待開發所知」的例證。在1990 年代，當時的柯林頓政府要求大型車廠因應消費者日益強烈的環保理念，設計更省油的汽車。通用汽車（GM）、福特汽車（Ford）、克萊斯勒汽車（Chrysler）都開發出了原型，但只有為數不多的幾款走上了生產線，形同為豐田汽車（Toyota Motor）提供了機會。[24]豐田汽車的Prius成為全球第一款大量生產的油電混合車，而且廣受歡迎。累計下來，Prius 2008 年的銷量超過了 100 萬輛，2013 年達到了 300 萬輛。2009 年，Prius成了日本銷量最高的汽車。[25]

【圖 3-5 不確定性來源分類工具】

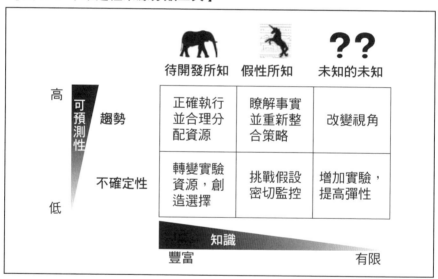

假性所知（false known）是占據主導地位但逐漸過時的價值觀。有些例子中，儘管變化的訊號非常多，但企業可能會因為主觀上低估或忽視一些資訊，而忘記挑戰某個假性所知。有一個「假性所知」的例子看似很合理的假設，就是認為人們使用智慧手機是為了打電話！很容易想像的是，對位居龍頭地位的電信商來說，挑戰這個觀念非常

困難，而且這個策略帶來的後果意義重大。挪威電信公司Telenor實際上挑戰了這個觀念，我們將在本章稍後提到。

當然，總有一些事是企業在沒有實驗或挑戰傳統觀念之前，可能不知道或者無法知道的，也就是「未知的未知」。因此，採用適應型策略的企業需要培養自我挑戰的文化，鼓勵質疑企業主流邏輯以揭示並採用消除盲點的技術。例如，它們試圖從真正競爭對手或假想競爭對手的視角看待自己的企業，與自己的商業模式進行沙盤推演，或嘗試為每種新的投資建議製造相反的商業案例或提出強制性反對意見，有意識地擴大自己的視野。

管理實驗組合

動盪的商業環境中，企業的產品、服務、商業模型等很快就會過時。同時，企業不能預測哪些新元素會替代舊元素。幸運的是，除了預測之外，企業領導者們還有其他可選的方法：使用策略實驗組合，並關注速度和經濟二大必要元素。為成功做到這個點，企業要透過識別變化訊號，以及產生足夠多的新想法測試其感興趣的領域，然後設定實驗範圍。企業如果對如何選擇專案和推進專案列出清晰的規則，前景良好的機會很快就會透過有規則的實驗浮現。最後，企業會透過快速果斷地重新分配資源拓展成功的實驗。

首先，企業應該決定實驗什麼。企業應該充分利用變化訊號，重點關注最有成長潛力、最有威脅或最重要盲點的領域。即使在缺少清晰假說的那些方面，更多的實驗可以帶來更多訊息，從而帶來更多選擇。和經典型企業不一樣的是，適應型企業傾向於先行動再分析。

　　適應型企業透過挖掘二種資源，確保自己擁有足夠的新想法用以實驗。它們會欣然接受企業營運方式自有的自然變化，或者透過創造一系列新實驗並進行測試以主動引進新變化。被動在貿易或銷售等活動中效果良好，而這也是需要重點挖掘自然變化的領域。變化帶給適應型企業廣闊的選擇範圍用以探索。值得注意的是，這種變化正是經典型企業在追求更高效率的過程中想要排除的因素。正因如此，對於經典型公司來說，即使急需實驗性方法，真正接受它也非常困難。

　　成立於1998年的Google迄今未滿二十年，卻在難以預測的市場中突飛猛進。創辦人兼執行長賴利・佩吉（Larry Page）在這個點上最有發言權，他說：「我認為，很多大公司的領導者不相信變化的可能性。但歷史告訴我們，變，就是唯一不變的事；如果你的事業是靜止的，那很可能出現了問題。」[26]因此，Google廣泛測試了一系列可能性，無論是否貼近其核心業務，從關鍵字廣告到更具有探索性的Google風投（Google Ventures），再到實驗性質的Google眼鏡（Google Glass）等一系列新事業。這些想法中的很多都是從著名的「20%時間專案」（20 percent time program）孕育而生，這個專案主要是在讓部分員工將 20%的工作時間用在他們自主選擇的新專案上。[27]

　　為保證實驗能快速且高效地進行，公司要制定清晰明瞭的實驗建構、執行、評估規則，並在嚴謹的框架中屬行自由原則。在投資組合階段，適應型公司應該嚴密監控其實驗的經濟意義。公司應該權衡並優化實驗的數量、成本、成功率及進行速度。通常情況下，單獨的實驗規模較小，實驗的總體數量很多，而且很快就能得出結論。比起將大量時間用於評估或嘗試預測每個項目的成功率上，適應型公司不斷驗證實際效果，頻繁重複其組合。正如管理作家湯姆・彼得斯（Tom

Peters，另譯為湯姆‧畢德士）所言：「快速實驗，快速失敗，快速調整。」[28]

　　再看Google的例子，Google主動衡量實驗成果。因此，從結果看，Google可以對不同專案快速重新分配資源。過去的十年中，Google每年推出或終止十至十五個專案，這些措施並沒有讓客戶或企業對此產生不滿。[29]然而，經典型策略家可能會認為適應型策略彷彿是「試一下，看哪個能成功」的做法，客觀數據（而非具有爭議的直覺）控制每個決定。

在無法預測也無法改變的動盪環境中模擬策略

在難以預測的環境中模擬策略經典型策略在穩定的環境中表現良好，原因在於仔細分析做出選擇的吸引力不會改變。然而，電腦模擬時，我們在環境中加入動態因素或不確定因素後，經典型策略在持續探索新選擇方面表現欠佳。不確定的環境中，實踐中的選擇所帶來的優勢會減弱，而有潛力且更好的新選擇所帶來的優勢則會增強。

因此，在探索新選擇方面持續投資某種資源組合的策略，即適應型策略，應該有更好的表現。

【圖 3-6 適應型策略在動盪的環境中表現良好（模擬）】

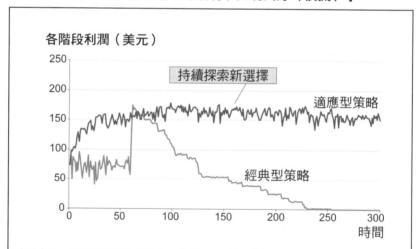

各階段利潤（美元）

持續探索新選擇

適應型策略

經典型策略

時間

資料來源：波士頓顧問公司策略研究所 MAB 模擬機制
註：該結果是在非競爭環境下，針對 30 種投資方案模擬 30 次以上得出的平均值

我們的模擬確認了上述關係。提高一定時間內每種選擇不確定性的程度，需要成比例提高探索投資的程度及持續性（**圖 3-6**）。

【案例】

Telenor 的策略制定

　　在所處環境由相對穩定的經典型環境快速轉變為變化較快的適應型環境的產業中，電信產業可謂代表。挪威電信營運商 Telenor 執行長喬恩・費雷德里克・巴克薩斯（Jon Fredrik Baksaas，按：2015年卸任）類比了這種變化：「我稱之為『混凝土現象』（concrete phenomenon）。你習慣做規畫，估計建造多少棟房子、需要多少水泥，然後按照需求量生產。接下來，第二年你也會這麼做。然而，現在的情況發生了翻天覆地的變化。傳統的固網業務（fixed-line business）之中，確定性或多或少是有的。從某種意義上說，這也是其停滯不前的原因。」[30]

　　在之前穩定的電信產業中，Telenor 的優勢在於其規模及其在挪威、瑞典和丹麥固網業務的成本優勢。然而，接近 2010 年時，網路業務日臻成熟，收入來源從電話到資料的快速轉變，科技巨頭與如網飛（Netflix）和 WhatsApp 等新公司，也帶來了以網路為基礎的新服務，Telenor 面臨著新的挑戰。競爭很快就變得無規律可循，客戶的偏好以及市場畫分都發生了變化，這個產業比以往難以預測。[31]透過使用適應型策略，Telenor 在本土以及新興市場都獲得了成功，尤其是在業務新領域上。例如，Telenor 調整了其規畫的速度和視野，使其更具可重複性。此外，Telenor 還關注當下發生的事並做出快速反應，按季度更新、調整規畫。巴克薩斯說：「縮短延遲時間，將產品投放市場，比達到既定目標更重要。」

　　Telenor 還調整了其創新方式。巴克薩斯舉例說明瞭投入市場的速度和新鮮度為何如此重要：「我在演講時曾問聽眾中有多少人用智慧型手機，有百分之九十的人舉手。我又問多少人用 iPhone？這次有百分之七十的人舉手。我接著問這些人中有多少在那天上午打過電話？舉手的人只有百分之五。其他人都使用了手機，但只使用了資料和應用程式。所以，我們必須據此改變我們的模式。」實際上，這意味著 Telenor 在將創新成果融入更廣泛的業務之前，透過「試誤」（trial and error）過程保護並且支撐創新。

　　Telenor 嚴密管理實驗引擎，關注每項實驗的成本、投入市場的週期、新產品的銷售比例等適應性參數。接著，Telenor 會迅速推廣實驗成功的產品，如 appear.in 這種嵌入流覽器的群組影音交流工具。經過了「測試—學習」（test and learn）階段，appear.in 現在已正式在全球推廣，為 175 個國家的客戶提供服務。[32]

　　此外，Telenor 還改進了其人才管理方案，培養並鼓勵敢於冒險、勇於創新的人。例如，公司推出了一個全球領導者專案，從全公司選出四十人通力合作，思考新的商業理念。這個多樣化、多功能的團隊構思出的八個新理念，現在已經處在完成階段。

　　對於處於有利地位的壟斷企業或大公司，為反對其所帶來的慣性，巴克薩斯強調「在無法預測的時代，已經進入市場的公司會失去更多」。Telenor 系統性地從變化最快

的領域（如亞洲市場）學習並獲得經驗。在這些市場中，
Telenor 將重點放在以最快速度和最多客戶進行接觸上，例
如透過將手機開發成本控制在二十美元以下等方式來做到這
個點。

適應型策略的應用：實施策略

我們來看一下支援並強化適應型策略的組織背景。適應型策略必須深入企業組織每個角落，推動外部導向（external orientation）、由下而上的首創精神（bottom-up initiative）、敏捷靈活的組織形式（agile and flexible organization），讓訊號的掌握、實驗與選擇更為便捷。

訊息傳達

如前所述，資訊管理對訊息掌握及實驗組合的有效管理都非常重要。因此，適應型企業必須不斷更新外部變化的數據，並且必須具有揭示隱含模式的分析能力。這些能力需要廣泛深入組織中。管理實驗需要二個層面的資訊：管理單獨實驗的資訊（即每個實驗成果及控制的資料）以及管理整個實驗組合的資訊（例如，整體成功率、成本、速度以及總體投資回報）。

由於企業先要分析變化訊號並採取行動，從而在適應型環境中獲得優勢，因此企業必須對產業、競爭、客戶以及客戶的趨勢有著深刻的瞭解。適應型企業必須努力增強分析能力，從而掌握並利用不同類型的即時資訊。由於資訊的應用模式無法精確預測，因此資訊需要能夠較易獲得且獲取範圍要廣，使得企業各個部門都可以利用。

美國汽車保險公司前進（Progressive）在使用新型即時訊號瞭解細分市場的風險，從而獲得競爭優勢方面是個很好的例子。遠端資訊處理系統是一種可以從距離較遠的設備上即時讀取並上傳資料的技術。1990 年代末，成為美國首家具備遠端資訊處理技術的保險公司。2011 年，該公司導入名為「快照」（Snapshot）的遠端資訊處理設備，供司機們放在自己的車內使用。這種設備可以將司機的行為資料（里程數、加速、行車模式等數據）上傳。

　　獲得這些資訊後，前進公司可以開發客製化動態風險檔案，並為低風險客戶節省高達 30% 的費用。[33] 此外，公司還會使用日益精確的資料，更新客戶與產品分類。由此，前進公司在銷量、自留額、以客戶為基礎的損失率等主要業績表現上都有成長。前進執行長葛林‧蘭威克（Glenn Renwick，按：2016 年卸任）說：「我覺得，快照是我個人職業生涯中見過的最重要的服務和設備。」[34]

　　只有將確定結果是否符合繼續或停止實驗的實驗資料和對應的控制資料結合起來，才能得到好的結果。有效的實驗同時也需要對整體構思產生、成功率、實驗成本、發展速度、實驗組合內資源進行管理和監控，以達到最大的實驗產出。

　　公司需要從每種實驗中得到盡可能多的經驗教訓，其中也包括未能成功的實驗。失敗對適應型公司非常重要，因為這些實驗可能包含非常有價值的資訊，且這些資訊的價值不只反映在實驗成功與否之上。經營賭場的凱撒娛樂集團利用其十幾個平行實驗中的資訊，不僅找到了對其客戶來說的最佳產品，也調整了實驗過程本身。實驗分別在某個賭場的控制組區域內進行，因此，每種實驗都可以得到恰當評估，如果可行，該種方法會在全公司推廣。[35] 這個過程非常嚴謹。凱撒娛樂（Caesars Entertainment）執行長蓋瑞‧羅夫曼（Gary Loveman，按：2015 年卸任）開玩笑說：「凱撒會開除兩種人：從公司偷東西的人，還有不能在業務實驗中找到合適對照組的人。」[36]

創新

　　顯然地，不斷創新是適應型企業的生命。由於適應型公司是在沒有預先確定目標的前提下實驗，所以它們需要嚴謹的（disciplined）、反覆的（interactive）創新過程，確保最佳方案以快速而經濟的方式逐漸呈現。因此，適應型創新需要以外部訊號為資訊點，做出規模小、成本低的選擇，且需要頻繁重複這個過程。此外，對企業高層來說，需要寬容地面對失敗並對整體經濟進行優化管理。當然，這並不是說要為了創新而創新，畢竟實驗非常昂貴且需要承擔風險。因此，適應型公司需要調整其探索環境的頻率，掌握環境變化的速度，以確保公司能夠將優勢充分發揮，哪怕只是短期內發揮優勢也行。

　　在本章制定策略的部分，我們已經探討了適應型創新的很多重要特徵。現在，我們來看一下在通常情況下，創新在構思和實施層面上的核心區別。經典型企業的創新通常與本業略有分離，像是某個完全獨立的研發部門會偶然取得巨大進步。適應型策略的創新恰恰相反：有著小步走、不間斷、可操作的特點。此外，和願景型策略及經典型策略不同的是，企業可能最初並不知道正在尋找的「新」事物是什麼，所以難免會遭遇失敗、受阻或意料之外的狀況。因此，適應型公司從速度、刺激成長、只做短期三個方面管理單獨專案，敦促團隊快速集思廣益，決定某些事是否值得進一步推廣，是否需要改變方向，或直接停止。例如，Google要求專案說明不得超過一頁紙，這個限制在緩解由改變方向或終止專案所導致的矛盾和遺憾等情緒上，具有一定的效果。[37]

組織

　　適應型策略需要能夠掌握並分享外部訊號、構思並有效管理實驗組合的組織形式。因而這個必備的組織原則必須以外部為導向、能夠獲得資訊、去中心化、靈活，以便在實驗重心變化時，快速重新分配資源。

　　以外部為導向可以讓公司有效掌握外部訊號。通常情況下，這意味著公司可以透過建構強有力的回饋機制，或創造用戶社群作為組織模型一部分的方式，將客戶納入其中。有時，客戶正是創新構思的主要來源。

　　適應型公司通常可以得到廣泛資訊，實現資料視覺化，且組織內所有成員均可接觸分析資料，因此員工可以發現變化，並且立即制定快速因應方案。這與經典型策略不同，經典型企業通常由一小組專家掌控策略分析工具。

　　由於激勵自下而上學習和激發個人創造力的需要，適應型企業通常會在組織內部培養高度的自主性，組織結構相對扁平，實現去集中化。這些組織一般都具有非正式、暫時性或平行結構的特徵，例如內部論壇、任務小組或委員會可以打破傳統的職能筒倉，分享資訊，對有潛力的機會實現靈活的人員調派。多層次、嚴格管理、煩冗的規則會大大減弱公司在環境釋放新訊號時實行徹底轉變的能力。[38]

【案例】

安全的創新空間：財捷集團（Intuit）的組織

　　財捷集團（Intuit）董事長兼執行長布拉德·史密斯（Brad D. Smith）稱自己的公司為「三十歲的新創公司」。[39]作為網路時代前就誕生的軟體公司，財捷集團儘管「大齡」（按：創立於1983年），但透過改組其創新及實驗程式，設計領先業界的財務軟體，讓業務成長方式愈加年輕化。財捷集團裏有經驗的領導者設計了一種組織，具有安全創新空間的功能，減少新產品開發過程中的摩擦，並鼓勵簡單原則引領下的速度哲學。

　　例如，財捷集團的組織透過為四至六人的多樣化小組提供支援，為確定問題並快速制定解決模式而培養了開放、靈活及自下而上做貢獻的氛圍。內部工作小組認為新軟體發布過程中，若有太多管理者的參與會使這個過程低效率、不清晰甚至有時會打擊士氣，於是以新的決策程式，給予熟知產品及目標客戶的小型開發團隊更大許可權。每個決定中的管理團隊僅有二位決策者：一位為發起者，負責清除障礙；另一位為指導者，提供建議。[40]

　　財捷集團的組織章程和步驟沒有給企業帶來太多的限制，反而使企業能夠將更多的精力和注意力投到組織營運上。面對免費網路軟體可能帶來的產業商品化，財捷集團透過推出新產品、收購個人理財網站Mint.com等措施鞏固了企業的領導地位。自2008年史密斯成為執行長開始，財捷集團的股價至少成長一倍。[41]

　　適應型公司通常採取模組化的組織形式，因此表現靈活，其組成單位可以根據環境的變化或為了拓展某個實驗迅速重組。標準化的隨插即用（plug-and-play）介面可以讓組織變化，透過快速轉換資源，滿足變動的需求。以康寧（Corning）為例，2014 年全年，康寧大猩猩玻璃（Corning® Gorilla® Glass）提供iPhone螢幕玻璃面板，同時也為三十三個各大品牌、將近 2,500 個設備提供螢幕玻璃。[42]我們會在第七章中提到，康寧並沒有預知設備生產商何時開始生產新產品，也不知道新產品的標準如何。但公司靈活的組織結構、無界限的跨部門合作以及共同的目標，使之可以快速調整角色，重新分配資源，圍繞新的機會展開行動。

文化

　　適應型公司理解並根據市場訊號行動及進行實驗的能力從根本上說由其文化決定。因此，適應性文化是一種以外部為導向，以方法為中心的文化。比起單向命令的整合，文化透過對角度多樣性的接納以及對結構持不同意見的鼓勵，為新想法的產生及快速學習創造了背景。

　　經典型公司明確以目標為導向，擁有井然有序的文化。相較之下，適應型策略需要開放、輕鬆的文化，鼓勵新想法的產生。透過允許建設性異議的存在以及對認知多樣性的推崇，文化推動了員工的挑戰精神。此外，由於適應型組織依靠個人創意與自動自發的首創精神（initiative，按：主動提出新想法並且實踐），它們在確切的目標方面，明確表現出一連串共同行為與共同目標。

舉例來說，網飛（Netflix）之所以獨一無二，是因為他們一開始就把顯而易見的適應型管理理念及原則設為規定。以下摘錄自該公司的《自由及負責的文化參考手冊》（*Reference Guide to Freedom and Responsibility Culture*）：

以流程為導向的公司「不可能快速適應環境，因為其員工非常擅長遵循現有流程（中略）。我們會儘量擺脫規則，我們的文化是富有創意、自律，也是自由而負責」，並從「高度協作、鬆散結合的團隊工作中」受益（中略）；目標是做大、求快和彈性」。[43]

網飛的文化在高度動盪的產業中，為可持續生存能力與優越的營運、理財表現打下基礎。網飛從一個提供郵寄DVD服務的企業，成長為線上影音串流媒體，並且發展了自有內容，股票價格自2009至2014年成長了十倍，成為2013年北美網路流量最多的網站。[44]

領導力

適應型企業領導者帶領團隊按照設定的步調走，而非朝著目標前進。他們透過運用建立外向型組織形式、創造利於實驗的文化、說明進行實驗的條件、強調實驗的重要領域等手段來管理企業。里德·哈斯廷斯（Reed Hastings）是網飛創辦人兼執行長，他對領導力最重要的品質進行的總結是：「最好的管理者知道如何透過設定合適的環境獲得最大收益，而不是想要控制員工。」[45]

【案例】

3M 的文化與領導力：
威廉‧麥克奈特（William L. McKnight）

1929 年 8 月，就在華爾街爆發股災的前二個星期，威廉‧麥克奈特（William L. McKnight）正式成為 3M（明尼蘇達礦務及製造業公司）工業集團董事。之後二十年裏，威廉領導下的公司需要應對諸多變化。他的成功正是一個經典案例，說明了領導者創造了一種可以讓團隊中傑出創新者發光發亮的環境。

麥克奈特制定了一系列管理原則，成功適用於現在任何一家創新科技公司的文化：下放權力以刺激個人創新；容忍錯誤，避免熄滅創造力的火花；工作周留有自由時間，讓員工追求所好；建立平臺，在全公司分享高見妙策。

1940 年代末，麥克奈特準備離職時，他制定的領導團隊原則可以假設為公司的日常管理準則：

隨著業務成長，賦權並鼓勵員工主動實踐新想法益發必要，這個點需要很高的容忍度。我們對其授權並下放責任的員工，如果是認真負責的好員工，就會想用自己的方式完成工作。當然，錯誤不可避免，但如果一個人本質是好的，從長遠來看，他犯下的錯誤不會比管理階層會犯的錯誤更嚴重，只要他告訴領導者自己到底想如何完成工作即可。錯誤發生時，如果管理者不分青紅皂白地一竿子打翻一船人，就會扼殺首創精神（initiative，主動提出新想法並且實踐）精神。而且，重要的是，如果我們想要繼續發展壯大，就需要很多具有首創精神的人。[46]

現在，這些原則依舊構成了 3M 員工所處的環境。公司給予研發部員工 15% 的時間「想一些天馬行空的事」，通常是不具備直接經濟潛力的基礎研究主題，以鼓勵其研發部員工踐行自己的想法。[47] 目前，人們把這種可以在上班時間光明正大自由發想的彈性稱為「Google 時間」（Google Time）；然而，其實在 Google 一九九八年成立之前，這種制度就已經出現很久了。這些組織和企業文化元素，是 3M 長久以來獲得成功的核心原因。3M 新上市的產品，銷量通常能超過目標 30%。[48]

技巧和陷阱

如前文所述，成功的適應型策略取決於對實驗持續而縝密的執行，且實驗以訊號為指導，而非預設的目標，並多次重複。為了有效進行實驗，你必須接受自身知識以及預測能力的局限性，並透過創造、挖掘不同選擇為未來做好準備，而不是透過分析或預測得出的單一不變的方案。

你的行動是否符合適應型策略？

如果做到以下各項行動，則你的策略為適應型策略：

✓ 以提前**掌握**並分析變化訊號為目標；

✓ 創造選擇及實驗組合；

✓ 選擇成功的實驗；

✓ 擴大成功的實驗；

✓ 靈活地重新分配資源；

✓ 快速重複（改變、選擇、推廣）。

關於不穩定且難以預測的環境及適應型策略已經討論了很多，至少從表面上看，適應型策略已為大多數管理者所熟知。因此，在我們進行的調查中，四分之一的企業稱自己使用了適應型策略，且其中70%以上的企業都認為規畫應該發展，得出這樣的結果就不足為奇了。然而，很多企業都認為自身的適應能力不足：只有18%的企業認為自己擅長讀取訊號，只有9%的企業認為自己擅長管理實驗。少數企業似乎能夠精準定位適應型環境，許多企業認為適應性環境容易

預測或具有可塑性，實際卻不然。此外，儘管企業宣稱自己運用了適應型策略，其實際使用的策略顯然並非適應型策略（規畫、預測、強調結果而非方式）。我們的調查清晰地表明，很多企業意識到了適應型策略的重要性，但並沒有足夠的知識或經驗實施適應型策略。希望本章和**表 3–1** 中提出的技巧與應該避免的陷阱，能幫助彌補差距。

【表 3–1　決定適應型策略成敗的技巧與陷阱】

八項技巧	七個陷阱
1. 瞭解自己已知和未知的領域： 從外部看，在永恆變化的世界中，很難找到明顯的新機會。要不斷尋找資訊，挑戰根深柢固的理念。	1. 對自己的信念過於自負： 知道某一領域的未來並不確定，是一種矛盾修飾法。即使你的世界觀完全正確，快速變化也可以瞬間讓其成為過時之事。
2. 實踐目標要有彈性，過程要嚴謹： 在廣泛的範圍內進行實驗，做好應對意外的準備，但要管理實驗過程。	2. 禁止異議： 避免只聽到你想聽到的事。將與自己信念相反的信號，當成能讓你看到新事物的禮物。
3. 不要拿公司做賭注： 使用多個小型經濟的實驗做組合，不要在大型單一的項目賭上公司的未來。	3. 為意外而規畫： 在快速變化的世界中，在大量預測及規畫中投入精力是徒勞的。
4. 速度高於準確性： 無論實驗繼續或終止，都要快速凝聚。目標不可知或在變化時，詳細的預先分析和精準的目標是對時間和資源的浪費。	4. 行動緩慢： 成功取決於引入新產品或新業務模型時，比競爭者快多少。因此，即使是為了追求完美而帶來的惰性及複雜可能是致命的。
5. 頻繁重複： 經過測試、評估、調整和進一步測試的循環，成功的信號就能有機會出現。經常查看可以更快學習。	5. 拿公司做賭注： 大型實驗一旦失敗可能會將公司拖入深淵。實驗只是一種在成本和風險都可以有效減少的前提下的規畫方式。

（續下頁）

（接上頁）

八項技巧	七個陷阱
6. 有章法地選擇： 為選擇及拓展有前景的實驗提前制定清晰的規則，保證快速自我調整方向，並限制直覺對決定的影響及惰性。	**6. 懲罰失敗：** 新想法能帶來成功，責備或羞辱失敗的實驗會扼殺個人產生新想法的動力。開放思想的文化是適應型策略之所以成功的關鍵。
7. 從失敗中學習： 知道實驗在不確定的情況下會失敗，且失敗會產生有價值的資訊，指導將來進行的實驗。	**7. 跟風行為：** 適應型策略在當今難以預測商業環境中尤其必要，但隨風起舞並不是好方法。相反地，應該看到你所處特殊環境中的特徵。
8. 理解實踐性： 將適應型策略的內容和意圖強加到經典型組織中並不有效。學習以實驗為動力策略的不同操作方法。	

第四章　願景型策略：搶先

【案例】
昆泰：建構願景

　　丹尼斯·吉林斯（Dennis Gillings）三十歲時，擔任北卡羅來納大學（University of North Carolina）生物統計學教授，他針對醫藥公司說明臨床實驗分析資料。他回憶：「當時，我覺得那是個展開業務的機會，既能充實教書生涯，還能獲得一小筆顧問費。」但是，隨著顧問業務的進行，他益發覺察到那是一個做大事的機會。「諮詢時，我發現低效率這個問題。我記得當時自己走進一家醫藥公司，忽然想到：『噢，根本不用花那些錢。』」[1]

　　1982 年，他與人共同成立昆泰跨國公司（Quintiles Transnational，之後稱為昆泰〔Quintiles〕，按：2016年與專業醫藥資訊公司 IMS 合併為 QuintilesIMS），當時吉林斯就把這家公司當成真正邁向全球願景的第一步。這個舉動讓他開創了臨床研究組織（CRO，clinical research organization）

的先河。在這個產業之中，類似昆泰的公司不僅分析資料，也積極接受委託管理臨床實驗和其他活動。吉林斯說：「我意識到自己可以在全球範圍內展開業務，促進醫藥發展。」

在這個時期，吉林斯對願景的清晰認識和急欲實現願景的心情引領著公司發展。吉林斯說：「這個規畫從未改變。」為了實現其願景，吉林斯設定了幾個遠大的目標，這與經典型策略中詳細的規畫完全不同。吉林斯說：「策略規畫總讓我覺得好笑。」例如，1980 年代建立單一的歐洲市場規畫公布時，吉林斯就預見到了歐洲法規融合（regulatory convergence）的影響，並意識到自己需要為泛歐洲聯盟（pan-European union）的基礎工作提供支援。他解釋：「一九八九 年，我所做的全部工作就是沿著縱軸畫時間圖，之後將國家名字也寫上：已經有了美國和英國，之後會發展到德國、愛爾蘭、法國和義大利。接著，我說我們得發展亞洲市場（中略）我用了九年多，把全世界都寫到了軸線上。」

吉林斯很早就發現，臨床研究企業極具潛力，但要說明的是，他必須迅速發展。「我決定，要想比別人更快，就得進行收購。一九九○年代，我們的營收從一九九○年的一千萬美元成長到一九九八年的十億美元（中略）；快速行動讓我們實現了百倍的成長。」他認識到，儘管自己開發了新市場，其他的企業包括具有優勢資源的企業，都會進入市場。因此，吉林斯快速行動，打敗了規模較大但對於競爭態勢並不夠敏感的潛在競爭者。

昆泰公司之所以成功，是因為吉林斯不僅有快速行動的勇氣，而且有堅持面對質疑的勇氣。「我差不多要拋開所有建議。可能我看上去很蠢，但我一直很有邏輯，我會想：『我不知道這些建議為什麼正確。』像是我曾因過早進入全球市場而受到批評，因為這樣做的代價很高，但我已經習慣了他人的反對，所以我堅信自己是正確的。每個文化群體裏的人基本上都會使用同一種藥，所以最終藥品都會實現更全球化的發展。因此，領先就意味著獲得了優勢！」

回想一下，吉林斯根本不必擔憂。他說：「我高估了潛在競爭者的能力。」但當時很難判斷他們的狀態。因此，唯一要做的就是快速發展，不是跟別人競爭，而是與自己競爭。「很高興我做到了。我們成功地實現發展壯大，我在一九九○到一九九八年衝得很快。」現在，昆泰是全球醫藥發展及商務外包服務最大的供應商，分布於六十多個國家的員工已經超過三萬名。過去十年間，昆泰與 270 萬名患者進行了 4,700 次實驗，這幫助實現了商業化，之後成為市場前五十種銷售最佳的藥品。[2]

吉林斯認為公司的成功很大程度上歸因於時勢造英雄。他說：「這是一種時代思潮，我們走了進去。如果我早出生五十年，這就不算好時機了。」儘管這只是一部分原因，但也因為他意識到「這可能是幾十億美元的產業。為了實現這個目標，我們必須快速發展」，才能讓昆泰蓬勃發展。

吉林斯的專注是願景型策略的特徵，正因如此，昆泰才能成功發展。吉林斯獲得了多項回報：「既然你志向遠大，那就好好努力，公司會在你經營的業界獲得領先地位。」

願景型策略：核心理念

　　某些環境中，一家公司就可以創造或再創造某一產業，並憑藉這種力量讓未來有一定的可預測性。這種情況下，公司就可以使用願景型策略。正如吉林斯的事例所示，你必須能夠以一己之力發展新市場，或顛覆已經存在的市場。

　　艾倫・凱（Alan Kay）是頂尖的美國電腦科學家，他為願景型視角（visionary perspective）做了極佳的總結：「預測未來的最好方法就是創造未來。」[3]你的品牌名稱甚至可能在未來幾年定義某種產品類別，就如全錄（Xerox，按：現為FujiXerox）和胡佛（Hoover）一樣。

　　願景型策略分為三個步驟（**圖 4-1**）。首先，你需要儘早進入大趨勢而**設想**（envisage）某個機會，應用新科技或解決客戶不滿意之處及新需求；其次，你需要成為首家為實現這個願景而建立的公司或生產的產品；最後，你必須堅持追求某個固定目標，同時要靈活使用克服未知困難的方法。拿藝術來比喻，超現實主義畫派的願景型畫家想像某種他們想要表現的圖像，而非觀察它，接著不懈努力，將之呈現在畫布上。

　　時機至關重要。成為第一，就意味著獲得了領先於對手，從而成長壯大的優勢：你可以設定產業標準、影響客戶的偏好、開發優越的成本地位，也可以讓市場朝適合自己公司的方向發展。

　　儘管願景型策略通常會和創業型新公司聯繫在一起，但更為成熟的公司也愈來愈需要熟悉這個策略。隨著大型公司發現自己更加頻繁地受到小型公司的影響，大公司至少需要知道小型願景型競爭對手的想法，才能做出反應，或者最好能在環境恰當時取而代之。商業作家蓋瑞·哈默爾（Gary Hamel）指出：「外面某個車庫裏，有位企業家正在打造擊垮你公司的利器。」[4]對願景型策略的深入理解及認知，是既有業者抵禦新興挑戰者的第一道防線。

【圖 4-1 願景型策略】

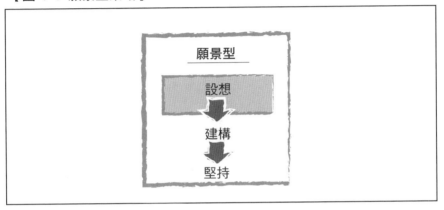

【案例】

時機為何重要：23andMe

2006 年，安妮・沃西基（Anne Wojcicki）和其他人一起創立個人基因組公司 23andMe，提供顧客個人 DNA（去氧核糖核酸）的分析，這家公司是使用願景型策略的範例。

在 2000 年代中期之前，沃西基還是醫療保健投資分析員，正是那時，她想到要變革自己所處的領域：

「我當時正在和一位科學家吃晚餐（中略）我們談到醫療保健和資料。從理論上說，如果擁有世界上所有基因型（genotypic）和表型（phenotypic）資料，這樣一來，就可以解決醫療保健的問題嗎？答案是肯定的。」[5]

以此為契機，沃西基於 2006 年與二位同事一起創立 23andMe，以「加速新型治療方案的發展，獲得對健康及疾病預防更好的瞭解，並為想要瞭解並使用自己基因資料管理健康和福祉的人提供更大可能」為任務。[6]

沃西基遇到絕佳時機。她將生物技術學、資訊科技（IT，information technology）中令人興奮的發展與電子商務相結合。千禧年交接之際，美國生物學家克雷格・凡特（Craig Venter）以一億美元的成本，成為首位貢獻人類基因體（human genome）的人。[7]在接下來的幾年，人類基因測序成本呈幾何級數下降。同時，資訊科技為組合、分析並分享日益成長的大量資料提供了新可能。[8]對沃西基來說，這些發展開創了新機會，為客戶提供測試自己基

因的產品，並與客戶填寫問卷得出的表型資料結合，進而
將結果以用戶友好、個人相關及易於理解的方式回饋給客
戶，同時聚合成強大的基因資訊統計資料庫，推動新研究。
23andMe 以客戶的唾液分析個人基因的新產品，獲選《時
代》雜誌（Time）「2008 年度最佳發明」（Best Inventions
of 2008）。[9]

　　儘管產品最初上市時售價 999 美元，但 23andMe 很
快就將價格降至 99 美元，快速成長獲得臨界規模（critical
mass，另譯為群聚效應）及業界領導地位。[10]擴大規模的
動力深入該願景的各個方面。到目前為止，23andMe 已經
進行了七十萬次測試。[11]沃西基的目標是兩千五百萬次。
「一旦得到了 2,500 萬人的數據，你得到的發現就能帶來巨
大力量。大數據（big data）能讓我們所有人更健康。」她
表示，透過使更多的人對自己成立 23andMe 的初衷感到興
趣，公司不斷擴大規模，也因此持續鞏固業界的領導地位，
沃西基表示：「突然之間，（我們的）資料對藥物學、醫院
和其他大型組織有了難以置信的重要性。」

　　和大多數新公司一樣，該公司也遇到了很多挑戰，但
沃西基一直堅持初衷。比如說，有些州試圖以這項產品
的檢測並非出自於醫師要求為名，排擠 23andMe。2013
年 11 月，美國食品藥物管理局（FDA，Food and Drug
Administration）要求 23andMe 停止宣傳其健康報告，因
為該機構認為這項服務從技術角度講是醫療手段，因此需要
美國食品藥品監督管理局的相關許可。[12]面對這些挑戰，沃
西基對最終結果堅信不疑，但希望其實現的方式更為靈活。

　　顯然地，要做到這個點任重道遠，沃西基知道自己的商業模式，讓醫療保健產業的某些既得利益者感到不舒服，因此堅持質疑和反對23andMe。但是，面對挑戰的沃西基並沒有退卻，她說自己之前為瓦倫堡家族（Wallenbergs）工作，這個家族是瑞典的億萬富豪家庭，經營著歐洲最負盛名的投資公司之一，她學到了「風險投資、大膽構思，以及思考社會即將或能夠如何改變的概念」。沃西基說：「有些投資者想要對重大變化投資，五十個人裏只有一個人能成功，但會是巨大的成功。我希望下大賭注，我準備好迎接巨變了。」

什麼時候採取願景型策略

遇到能夠透過在正確的時間實踐大膽的想法，而致力創造或再創造某個產業的機會時，就應該實施願景型策略。也就是說，當公司處於可塑型環境中，就可以實施願景型策略。而且，由於公司及時行動和塑造市場的能力，市場對你來說就是可以預測的。你發現某種逐漸顯現的大趨勢時，就可以在另一家公司發現或行動前實施願景型策略，比如當技術進步開啟了產業重塑的可能性，或者當客戶對當前產業內的主導產品愈來愈不滿意時，新市場可能就會應運而生。

機會開放與其他企業採取行動之間相隔很短，因此時機至關重要。成功的願景型公司會利用機會出現、認識並接受新機會與成熟公司採取行動這三個重要的時間差。對願景型企業家來說，幸運的是，其他公司的行動通常都會被遭到最初的質疑（initial skepricism）和組織惰性（organizational inertia）而拖延。從需求方面看，時機也非常重要：太早，潛在客戶可能還沒做好接受新想法的準備；太晚，你就會被當成模仿者或追隨者。

我們的分析發現，很多公司領導者都宣稱自己使用了願景型策略，然而客觀來說，能被稱為可預測且有可塑性的環境愈來愈少。這種感覺與現實之間的差距表明領導者們可能高估了市場可延展的範圍，以及願景型策略適用的範圍。

因此，我們要仔細觀察三個訊號，顯示某個產業到了關鍵時刻而能以使用願景型策略。第一個訊號是逐漸明朗的重大趨勢，也就是能夠重塑市場，並且超過產業特定供需條件的重大結構性變化。世界人口的高齡化，中國大陸、印度及其他快速發展經濟體的中產階層崛起都是例證。其他大趨勢包括城市化（urbanization）、奈米技

術（nanotechnology）、肥胖（obesity）與節食（dieting）、貧富差
距擴大（wealth disparities）和對機構與制度失去信任（the loss of
trust in institution）等。[13]第二個訊號是新技術的出現，比如汽車和
行動電話，這可能會提供全新的機會或打亂已有市場的機會。第三個
訊號是客戶不滿意之處以及現有市場無法滿足的需求等。客戶有時明
確知道自己的要求，但更多的時候是潛意識裏的，甚至客戶可能並沒
有清楚意識到自己缺少什麼。

你可能已經知道的事

　　很多領導者會本能地將創業型新公司與願景型策略聯繫在一起：年輕、小型、靈活的公司通常會創造新市場，或顛覆已有市場。然而，企業家的創業精神並非一直完全當成有效策略，因為它很少伴隨著成熟的規畫技術。不過，1990 年代早期，學者們開始仔細觀察並了解企業家策略的相關性，因為更多的公司借由益發快速的技術變革，獲得迅速成功。

　　金偉燦（W. Chan Kim）與芮妮・莫伯尼（Renée Mauborgne）提出的**藍海策略**（詳見《藍海策略：再創無人競爭的全新市場》〔*Blue Ocean Strategy, Expanded Edition:How to Create Uncontested Market Space and Make the Competition Irrelevant*〕）能創造尚無競爭的市場空間。C・K・普哈拉與蓋瑞・哈默爾合著的《競爭大未來：掌控產業、創造未來的突破策略》（*Competing for the Future: Breakthrough Strategies for Seizing Control of Your Industry and Creating the Markets of Tomorrow*）一書中，表明領導者們應該開發公司塑造未來的能力。克雷頓・克里斯汀生（Clayton M. Christensen）**破壞式創新**（disruptive-innovation）概念解釋了有些公司如何透過簡化產品和服務，打破成熟的產業，打造基礎，打擊成熟的主流競爭者，將其拖入利潤縮減的行列。此外，波士頓顧問公司率先使用**向特立獨行者學習**（learning from mavericks）的技術，讓大公司認識到並加入產業邊緣潛在性破壞式創新行為。[14]

　　過去二十年間，動盪不斷加劇，大公司的商業模式所受風險也大幅增加。由於技術變革更快（在計算能力、連接性及移動性方面尤其如此）我們現在看到，眾多小公司（按：原文為大衛們〔the Davids〕，引自《聖經》〈撒母耳記上〉17:1-54）明顯比以往更頻繁地讓現存的企業巨人們（按：原文為歌利亞們〔Goliaths〕，歌利亞是《聖經》中的巨人，後遭大衛殺害）不安。如第三章所述，某一產業的領先公司在某一年失去領先地位的可能性比1960年代早期的這個可能性高出三倍（圖 3-4）。

　　廉價航空公司挑戰長途航空公司、租車巨頭，以全新的商業模式與汽車租賃公司競爭，而雲端儲存公司可能會淘汰硬碟生產者。大型成熟公司尤其脆弱，因為它們很難在完全正確的時間集合力量，原因有三：一是對現狀的固執；規模龐大而帶來的組織惰性；透過自己的主導邏輯過濾變革訊號的固有趨勢。然而，如果大型公司不採取行動，其他公司採取行動的可能就會逐漸增加，給大型公司帶來打擊。

　　但是同時，如果大型公司能夠克服組織惰性，就能擁有幾項潛在優勢，利用願景式機會（visionary opportunity）：行動需要大量資金，快速擴大規模，此外，面對可能的挫折時，堅持不懈與豐富資源也是必要的。實際上，只要能夠在正確的時間，運用適當的膽量，資源豐富的大型企業可以發展成強大的願景型企業。

【案例】

在電商願景上打賭的UPS

　　運用願景型策略在產業重大變化中占領先機的一家大型企業，就是UPS。成立於1907年的UPS，最初為美國信使公司，現已成為美國最大的快遞公司。[15] 同樣地，利用其規模及市場主導地位，透過經典型策略獲得了成功（見第二章）。在1994年，甚至是在亞馬遜網站誕生前，UPS就預見到網路連線和數位化發展的趨勢將帶動電子商務的興起，趁此抓住成為「全球電子商務促成者」的機會。[16]

　　為了實現這個願景，UPS大力投資，決定每年為所需要的資訊科技系統花費10億美元。[17] 這項大膽的措施，使該公司贏得了一些大型電子商務公司的業務。不出所料，該公司連續十年提高了運輸量，每年增幅高達20%。同時，UPS還成了網路上快遞服務的優選品牌，因為它將領先的貨運及追蹤服務嵌入網站，嘉惠了企業客戶。在一份備受矚目的協議中，UPS授權eBay使用者直接接觸公司運輸選項，簡化其運輸包裹的程式。在此之前，這個直是C2C（Customer-to-customer）客戶之間拍賣的障礙。[18] 2000年時，這個具有遠見的策略帶來的成果清晰明瞭，UPS在所占美國電子商務運輸市場的市占率高達60%。[19]

你是否處在願景型商業環境中？

如果符合以下條件，則你正處在願景型商業環境中：

✓ 你所處的產業提供了市場白地（white space，沒有競爭者的空白區）機會或顛覆條件已經成熟

✓ 你所處的產業可以透過單個公司（再）塑造

✓ 你所處的產業中其他公司都比較消沉

✓ 你所處的產業不能讓客戶滿意或者不能滿足客戶需求

✓ 你所處的產業有高成長的潛力

✓ 創新在你所處的產業受限於法規

願景型策略的應用：制定策略

那麼，公司應如何將設想、建構、堅持這三個因素付諸實踐？正確做到這個點很難。事實上，八成企業家都沒能重視這個難題。[20]

願景型策略的制定完全是對最終目標的設想：新機會並能抓住機會的有價值主題。但是，願景型策略仍需獨特而連續的執行方法：具有魅力的領導者和鼓舞人心的願景陳述是必須的，但還不夠。願景型策略的執行與三個因素中的建構和堅持步驟相呼應，並且需要合適的資訊管理（訊息傳達）、創新、組織、文化和領導力支援對最終目標的快速建設，以免遭人搶先一步。此外，靈活能力可以克服過程中遇到的障礙。

固定的目標與靈活的方式之間有一定差距，控制這種差距並非易事，這也是少數新公司無法在實踐中解決的問題。我們的調查顯示，95%傾向於使用願景型策略的公司，仍在使用詳細的預測和規畫。

規畫每個步驟，彷彿過程可以預先規畫一樣，這是典型的經典型策略，可能會導致執行方式的僵化。我們一起探討如何將願景與執行相結合。

實際上，憑空設想出從未被其他人嘗試過，但可以讓你的事業和公司發展壯大的目標或許能夠改變一個產業。願景型策略中沒有小目標，但這正是制定願景型策略的中心目標：設想公司義無反顧要追尋的最終目標。成功的步驟就是在正確的時機發現機會、建構這個願景並完成概念性規畫，接著廣泛宣傳這個願景，取得市場認可。

發現機會

建構願景時，你需要在別人採取行動前，發現正在發展的機會。有四種訊號能標示出產業處於最關鍵的轉折時期，它們也是願景型策略的觸發器，前面談到了三種訊號：大趨勢、獨立的突破性技術、客戶的不滿。此外，你所在產業的邊緣企業，即那些潛在顛覆者的活動是第四種訊號。重要的有二：一是在別人之前發現每種訊號，二是透過表面價值看到其中蘊含的可能性從而探索，不要受到表象迷惑。

你需要深入理解新趨勢，並在恰當的時機涉足其中，或將諸多新趨勢聯繫在一起，發現獨立的機會。23andMe 就是如此，看到基因學和數位技術的新發展而找到了新的願景，從而使以客戶為動力的基因機會的出現成為可能。描繪趨勢的關鍵在於設想現實的可能性，23andMe 在為產品定價時，就先於經驗曲線降價至 100 美元以下。[21]

超越資訊的表面價值對發現潛藏在客戶不滿意之處或未被滿足的需求中的機會也非常重要。為了探測不滿的訊號，你要經常超越現有產品或服務的主流趨勢及滿意指數，並關注早期使用者（pioneering user）、不滿意的用戶、流失的用戶，以及非用戶。舉例來說，你可以發現並關注市場邊緣未受到良好服務的小眾客戶，或者更方便、更經濟、更有效地服務現有需求的機會。重要的是，你不應該只徵求現有客戶和員工的意見，因為下一個大事件通常潛藏在非用戶群體中。如蘋果創辦人史蒂夫‧賈伯斯曾說：「你不能問客戶想要什麼再去生產。等你一做好，他們就想要別的了。」[22]

我們經常看到，公司在已占有市場的主流產品和服務中開發市場白地（white space，按：《白地策略》（Seizing the White Space）作者馬克‧強生〔Mark Johnson〕定義市場白地為：「公司核心事業以外的領域，亦不屬於公司現行商業模式界定或處理的潛在活動範圍）獲得成功。以 Intuitive Surgical 為例，該公司成立於 1955 年，是外科手術機器人生產商。[23]他們看到別人尚未發現的機會，為外科醫生提供成熟的設備，幫助他們進行微創手術，以此保證病人的安全並降低成本。透過識別這種機會，解決之前未被解決的問題，Intuitive Surgical 創造了指數級成長的業績，年營收超過 20 億美元。[24]

　　最後，對大型公司來說，密切關注產業邊緣的小公司也很重要。相對較小的公司可能會做一些你未曾留意的事，像是引入新技術、知道客戶不滿意的原因或瞭解某種新的大趨勢等，因為它們不能與你輕易直接對抗。只看到大型、成熟以及知名度高的對手公司只會更加強化你的固有信念。正是這些有新想法的小型公司才能讓你從中學習，與之合作或在必要的情況下進行收購以獲得願景型機會。通用汽車把每年購買或投資十至二十個小型公司當成常規業務，以獲得創新機會。[25]稍後，本章將探討如何識別並利用這些小公司。

建立願景

　　找到機會後，你就需要創造因應機會的願景，清晰描繪生動、大膽的圖畫，說明自己要建構的事物。願景通常不僅由新產品或服務構成，也需要新的業務模式進行全面拓展。商業模式創新是多種元素的變化，反映在服務客戶與創造價值等方面。可能最佳的定義就是所有資產及公司各方面能力的再次協調組合，以得到具有顛覆性的價值定位。因此，商業模式創新需要巨大突破，並非服務、產品或經營方面的數量成長或個別變化（圖 4-2）。這個創新可能包括分配模式或收

【圖 4-2 商業模式創新架構】

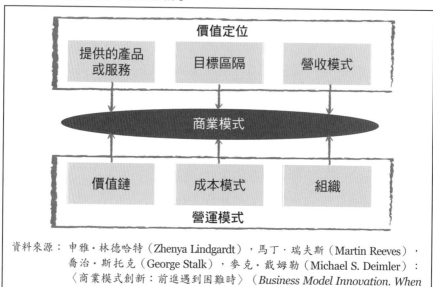

資料來源：申雅・林德哈特（Zhenya Lindgardt），馬丁・瑞夫斯（Martin Reeves），喬治・斯托克（George Stalk），麥克・戴姆勒（Michael S. Deimler）：〈商業模式創新：前進遇到困難時〉（*Business Model Innovation. When the Game Gets Tough, Change the Game*），原載於波士頓顧問公司 bcg. perspectives，2009 年 12 月

入模式或價值鏈足跡的變化，完全駕馭新技術，或者重新建構產品或服務的概念。正因如此，新願景從根本上與大企業的經典型願景說明不同，那些聲明常常是公司現有業務模式模糊廣泛的確認。

　　對沃西基來說，創業這個機會清晰明瞭。「我們做的事前所未有，」她說，「是我們先說『我們不是醫療保健公司，我們完全跳出了現有的框架』」這種態度，讓她思考結合基因測試和基因圖譜的產品與新商業模式，形成以大數據、電子商務和以客戶為中心的獲利模式。

草擬規畫

由於願景型策略需要固定的目標和靈活的方式以克服困難，達到目標，所以這種策略更像是長途路線圖，允許沿途修改更正。根據定義，你是在探索未知區域，因此完全可以確定的是，過程中會遇到意料之外的障礙，讓你不得不做出調整。所以，就算有些投資者需要，願景型策略也不會依靠冗長的文件，詳細說明財務和經營階段性目標，因為那是經典型策略的表現。願景型策略會設定高層次的目標，確保方向正確且朝著最終目標快速前進。

正如沃西基所說：「我的夢想一直都是最終目標，那就是改變個人得到醫療保健的大環境，但我從未相信某種特定的路線能帶我實現夢想。」儘管安妮說公司「需要『規畫』完成這個願景」，她制定的規畫可以進行多次修改，而且非常適合23andMe。沃西基說：「我們非常擅長在遇到多重困難或意料之外的機會時改變規畫。比如說，我們收到額外資金時，就會將（DNA測試的）價格降至99美元。我們改變了策略，從追求利潤變為追求發展。」一直沒有改變的是其願景。

廣泛交流你的願景

最後，只有關鍵的客戶和投資者接受，你的願景才會實現。自然，願景型策略可能會受到質疑，因為它代表了新事物，不僅不為人所知，甚至可能與經營業務、思考業務的慣用方式相矛盾。因此，執行策略的過程中，你需要溝通（甚至是過度溝通）說服客戶購買，也說服投資者投資。你尤其應該與自己的員工和客戶充分交流願景，因為這二個群體會成為你的擁護者和品牌宣導者。最後，你應該慶祝初步成功，並且「敲鑼打鼓」讓大家都知道，藉此表明自己的願景很有吸引力，可信度很高。

開發新市場意味著向未接受的人進行宣傳，所以你需要投入時間和精力，鼓勵並教育客戶和投資者，包括為不知情的人製作個性化資訊。「普通人只是不知道為什麼要得到基因，」沃西基說，「所以，教育這些人，讓他們對此感興趣是我們遇到的第一個挑戰。」

【案例】

速度是關鍵：Mobiquity 的策略制定

　　另一家採用願景型策略的公司，是美國的專業服務公司 Mobiquity。該公司幫助其他公司駕馭行動技術，有時被稱為「電腦發展史的第五次浪潮」（前四次分別為大型主機、小型電腦、個人電腦及網路個人電腦）。[26] 比爾・塞博爾（William A. "Bill" Seibel）與史考特・斯奈德（Scott Snyder）發現機會後，於 2011 年成立了 Mobiquity。當時，其他公司還在為大型企業開發行動科技的相關應用，少數幾個公司還沒有提供全面服務，尚未透過建構資料結構、業務流程以及支援平臺，把行動科技與客戶的商業模式完美融合。

　　Mobiquity 在行動科技成為趨勢之初，就意識到了這個點。董事長及策略長斯奈德說：「我們意識到一種大趨勢呼之欲出，這個趨勢比企業高階主管們認為的更具變革性及創新性。」實際上，Mobiquity 認為行動科技預算占 2015 年全部資訊科技預算的 35%。[27]

　　斯奈德沒有受到循著常規的經典型策略所誘惑，因為「對每天實際發生的事來說，那樣會產生反作用，也太過侷限」。相反地，Mobiquity 關注能夠實現願景的總體規畫，而這個方式也經過時間的考驗。斯奈德說：「我們制定的策略有 90% 至今未改，我們直到如今依然憑藉它來經營公司。」斯奈德和塞博爾同樣也注意交流願景，這個做法從成立無線創新委員會（Wireless Innovation Council）開始。
該委員會召集了包括奇異（GE）、萬豪集團（Marriott）、
富達國際（Fidelity International）的大企業，以及包括貝
布森學院（Babson College）在內的研究機構，共同提高知
名度及可信度。無線創新委員會創造了一種環境，讓不同產
業的策略決策者通力合作，發現新的創新機會。

速度是 Mobiquity 成功的關鍵。行動科技發展迅速，
所以正如斯奈德所說：「我們必須快速成立一家可以完成整
場接力的公司。「公司透過」將 IDEO 等頂級設計公司與如
IBM 的整合技術彼此融合，並迅速擴大規模的方式做到了這
一點。這個理念結合了最佳的策略、設計、技術以及貫穿整
個願景執行的發展技能。當然，這樣做的好處就是能夠獲得
先發優勢。「由於我們在競爭開始前一、兩年進入，所以可
以提前知道未來的需求如何，也可以據此設計產品，接著和
客戶合作，實現目標。」為了保持領先，Mobiquity 設立了
Mobiquity 實驗室，為快速實驗及與客戶合作創新創造了獨
特的環境。

二年之內，Mobiquity 在全球開設了十二家分公司，客
戶多為名列《財星》一千大企業（Fortune 1000）。其收入
從 500 萬美元成長至 2,400 萬美元，之後由於其持續出色
表現而達到了 4,000 萬美元。[28]

在可以預測也可改變的環境中模擬策略

在穩定或難以預測的環境中模擬經典型策略與適應型策略時，我們假設環境對某種特殊策略或企業是獨立存在的。然而，有時公司會透過創造新的策略選擇改變環境，比如透過市場白地創新或提高現有選擇的價值等。

為了反映這種環境，我們模擬了易於塑造的選擇，在某一特定時間段公司投資這些策略時提高其價值。資源投資很高，但潛在收益也很高。

針對易於塑造的環境，最佳的策略是分析或者設想，這種策略在投資充足的情況下會獲得最大收益。確定潛力最大的策略後，你需要堅持對其投資，從而獲得收益（**圖 4-3**）。這反映了願景型領導者經過長時間深入探索後確定願景，並一心追求願景的行為。

【圖 4–3 願景型策略在易於塑造的環境中表現最佳（模擬）】

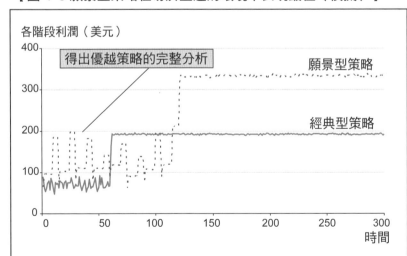

資料來源：波士頓顧問公司策略智庫 MAB 模擬機制

註：該結果是在非競爭環境下，針對 30 種投資方案模擬 30 次以上得出的平均值

願景型策略的應用：實施策略

組織是實現願景的載體，面對意外的困難要堅持靈活性，而且也要快速行動，保持領先地位。從資訊管理（訊息傳達）、組織到領導力，落實目標清晰、快速行動、方式靈活的原則。

訊息傳達

如之前討論的，儘早發現新機會並先於其他企業採取迅速而精準的行動是願景型策略獲得成功的重要因素。成功地運用資訊，可以透過超越訊號的表面價值，揭示其中的可能性，鼓勵願景型公司利用資訊，尋找並發現機會，開創新市場。正如據說是汽車之父亨利·福特（Henry Ford，1863 –1947年）所說的話：「如果我問客戶想要什麼，他們會說想要一匹跑得更快的馬。」[29]因此，對願景型公司來說，資訊挑戰是一種想像力的挑戰，但這種挑戰可以從現實世界中的趨勢、技術、客戶等訊號尋得蛛絲馬跡。

採用「可能會成為什麼」的觀點需要企業領導者後退一步，推翻自己對產業及公司的固有觀點，克服現有視角中的盲點。同時，需要查看舒適區之外的資訊，超越公司、國家、商業部門、客戶和普遍的知識，從中找到新的可能。有時，可能需要拉開自己與日常業務精神上（要麼是物質上）的距離。1990 年代中期，微軟（Microsoft）開始受人矚目時，比爾·蓋茲（Bill Gates）就已規畫每年二次沉思周（Think Week），他會暫時放下家庭和朋友，思考有創意的新想法。（按：1992至2008年，蓋茲每年安排沉思周，將自己與員工和家人隔絕，

在美國西北部的某個地方思考一個星期，重新校準公司的策略方向）[30]

　　企業龍頭老大可能會發現拉開上述距離，並從新的角度看待所處產業尤其困難。大型公司可以展開搜尋獨特活動，透過觀察潛在顛覆者，看到產業未來的跡象，透過觀察獨特的公司（通常是處在產業邊緣的小公司）可能正在與你的商業模式對抗。接著，你要找到那些公司的主要創意是什麼，瞭解它們在哪些方面下賭注。之後，你要考慮的是如果它們的想法被證明是正確的話，你的公司將會如何因應。如這個來，你就可以決定自己對這些創新的回應：繼續等待蒐集更多資訊、忽略、複製、壓制，還是「贏不了、打不倒，就買下來」。例如，臉書（Facebook）持續不斷尋找產業邊緣潛在的顛覆者，並且自問如果這些標新立異的事取得成功，會對自己的商業模式造成怎樣的影響。有時，這個策略會帶來新產品或新服務，有時則會帶來大規模收購，比如 Instagram 與 Whatsapp 等。[31]成功做到標新立異的小公司，能夠幫助企業「行小事，保大局」。

　　儘管數位技術為新的願景型策略帶來了很多機會，但昂貴的資訊科技系統卻不是發現願景型機會的必要條件。丹尼斯・吉林斯透過諮詢大型醫藥公司，得出了自己的觀察結論；亞馬遜（Amazocom.com）創辦人的傑夫・貝佐斯（Jeffrey Preston "Jeff" Bezos）可能是閱讀了一篇關於電子商務興起的報告；而史蒂夫・賈伯斯（Steve Jabs, 1955-2011）頭腦中有一幅圖，製造一種將MP3（音樂播放機）與手機在觸控螢幕設備上結合的特殊產品iPod。其他策略（尤其是適應型策略）通常需要強大的計算能力，篩選環境中微小變化的模式。儘管願景型公司可能需要資料處理，但更重要的是，透過顯而易見的內容，尋找嶄新的顛覆式見解。更確切地說，尋找未知與已知之間的矛盾，貫穿著願景型策略的初期階段。

創新

由於願景型策略創造了全新的市場現實，創新自然會在定義並實現願景的過程中扮演著關鍵角色。為保證速度、集中資源，創新的努力一般都孤注一擲，而不是在零散的一組選擇上花力氣，對資源有限的小型公司來說尤其如此。有人問貝佐斯打算在電子書閱讀器 Kindle 專案上花費多少錢時，他回答：「我們一共才多少錢？」[32]

實現創新有三種主要方式：應用新技術、創新商業模式、將現有的能力從本業轉移到另一個產業。你可以發明新技術，也可以成為第一個應用新技術的人。

縱觀商業歷史，很多成功的公司都是第一個使重大創新成為主流技術的公司：AT&T（美國電話電報公司）與電話；IBM 與個人電腦；雷明頓（Remington）與 QWERTY 打字機等。最近的一個例子是，1999 年，美國 TiVo 引進了第一台家用數位硬碟錄影機（DVR，Digital Video Recorder），觀眾就此可以跳過廣告或錄製某一場演出。[33]由於 TiVo 處於先發位置，「TiVo」一詞也成為全球第一台內建電視節目表數位硬碟錄放影機的代名詞。

創新的第二種方式是開發新的商業模式，也就是換個方法將價值傳遞給客戶。Zipcar 是安特耶・丹尼爾森（Antje Danielson）和羅賓・蔡斯（Robin Chase）於 2000 年創立的汽車共用服務公司，該公司就是一個很好的案例。二位創辦人注意到，由於城市化的加速與人們環保意識的提高，汽車持有率下降，但尼爾森和蔡斯看到了開發租車新方式的機會。[34]

第三種創新方式是將自己的能力從本業轉移到另一個產業，就像路易達孚（Louis Dreyfus）所做的那樣。該集團成立於 1951 年，其核心業務為農業產品。不過，1998 年時，該集團跨足電子通信基礎建設業務，與該產業的龍頭老大法國電信（France Telecom，目前名為 Orange）一決勝負。雖然路易達孚在電子通信產業沒有經驗，但從動盪的大宗農產品業務中獲得的知識，讓他們其看到缺乏管控的通信市場的興旺。公司利用這個能力，選擇正確時機，投資基礎設施，之後透過轉移資產投入新事業進而獲得了經營利潤。[35]

組織

　　願景型公司必須快速傳達願景，堅持目標，但在克服未知的困難時也要靈活。隨著願景的逐漸成熟，最終公司將為下一種策略制定要求。為保證以目標為中心的同時避免僵化，願景型公司將從上到下的方向與靈活非正式的組織相結合，簡化繁冗的規則與程式。隨著願景的成熟，為了擴大規模並實現專業化，公司最終會為新的策略提出組織性要求。

　　由層峰制定清晰的指導原則和明確的方向，有助於願景型公司形成凝聚力。Mobiquity 很快就學會了這個點。一開始公司沒有明確說明其方向或個人角色與責任，而且很多人都試圖自己掌控公司的發展方向。「一年後，」斯奈德回憶說，「我們意識到自己雇用了最好的員工，但我們之前聘用了十七位執行長。就像 2004 年丟掉奧運金牌的美國國家男子籃球隊一樣，最好的運動員組成了錯誤的夢幻團隊，太多的領導者干涉，最後導致遺憾的結果；從中得到的教訓，就是我們需要以公司為先的員工。」斯奈德重塑了領導團隊，之後 Mobiquity 獲得了發展。他制定了更為集中的策略，因此無論客戶總部位於亞特蘭大、阿姆斯特丹還是阿麥達巴（Ahmedabad），都可以享受到統一化的服務。「我們必須先找到正確的方式，再以不同地區業務部門獨自營運的方式擴大規模。」換言之，願景型公司在組織水準和多樣性方面不需要與適應型公司持平，因為願景型公司的發展方向是提前預設好的。

明確發展方向非常重要，但在企業前進的過程中，只有長遠目標是確定不變的。因而，公司在短期需要靈活性，以快速發現並克服意料之外的障礙。正如貝佐斯所言：「我們不會把目光都放在下一季度上，我們關注的是如何做才能對客戶有利。」[36] 為了獲得短期的靈活性，願景型公司通常並不特別正式，會靈活分配資源並簡化煩瑣的經營步驟和專業分工。它們擁有跨職能團隊，鼓勵上層管理者在生產線上和工人直接交流，快速實現策略決策並迅速執行。這意味著願景型公司不需要遵照經典型公司那一套為提高效率而設置的具體營運流程，也不必保持執行的一致性。

這種思維轉換對於想要使用願景型策略的大型公司而言，雖然困難但非常重要。對這些企業來說，把那些已形成思維定式的營運方式轉換成有利於願景型策略的非正式、靈活的營運方式不是件容易的事。本書之後的章節將提到，大型公司因此需要從核心業務中拆分願景事業（visionary units）。

策略制定的過程中，願景型策略往往是起點而非終點，像是昆泰公司最終過渡到了採用一個更為經典型的策略。因此，成功的願景型企業領導者會制定下一步所需的策略，並逐漸將之引入組織內，通常轉向為更為經典型的策略及執行方式。願景型公司在逐漸成長壯大並日臻成熟的過程中，其非正式性及從上到下關注單一目標的特質最終會限制自身發展，因此最終轉向另一策略很有必要。「規模和時間會帶來變化，」沃西基解釋說，「我們有一百四十位員工，預算（比剛成立的時候）更多，而我們（現在）有懂管理的員工！公司剛成立時，沒有過多的管理是好事。但一段時間後，人們需要成熟和秩序。」

文化

願景型文化與組織結構的影響一致，包括清晰的方向感和一定程度的靈活性，這樣既能保證企業發展的速度，也能令企業克服途中遇到的困難。最重要的是，該文化鼓勵員工們追尋其他人可能尚未發覺的事物，帶有「我們與整個世界對抗」的暗示。這種文化將精力放在願景的實現上，並點燃個人的激情和創造力，加速進程。願景型文化以願景為指導，願景相當於文化的北極星。沃西基說：「我喜歡公司蘊含的潛力。聽起來似乎顯得有些陳詞濫調，但適用於我們公司和很多其他新公司：如果我們能成功，23andMe 將真正改變世界。」在這種使命的指導下，員工不僅使其內化為工作信條，並且成為品牌或產品大使：理想情況下，願景型公司的員工才是其最大的支持團體。文化同樣需要鼓勵個人首創精神，加速願景的實現，而這種鼓舞人心的文化可以成為強有力的招募工具。正如沃西基所說：「我需要創造這樣一種文化，能夠吸引（中略）具有雄才大略的人進入我們公司，在非常需要技巧的領域做出關鍵的決定。」

最後，隨著願景日臻成熟，企業要朝著另一種策略轉變其文化思維。例如，企業可以秉持適應型或經典型精神，更趨於外向型或者更為系統化。

領導力

　　成功的企業領導者在實施願景型策略時，會自始至終執行設想、建構、堅持這個動態過程：你可能會有靈光一現的瞬間，以此找到清晰的方向。你是星星之火的傳遞者，同時也是延續火苗的守護者；你建立傳遞這種願景的組織，傳達最終目標，並慶祝每一次階段性成功。透過這種方式，你會堅定地努力、持續地堅定信心從而實現願景。「我相信，成功的企業家與失敗的企業家有一半的差距純粹都在堅持上。」史蒂夫‧賈伯斯說。[37]最後，你需要帶領公司克服重重困難，在願景實現後，進行必要的過渡，實施另一種策略。

　　幸運的是，魅力與熱情對願景型領導者來說很少是挑戰，因為他們通常是很實際的夢想家。「我看到自己身為願景型策略家，試圖率先進入某個並不存在的領域，」沃西基說，「我一直都是那種不怕失業不怕失敗的人。我接受風險存在的事實，但對我來說，生命中最糟糕的事就是接受現狀。只是坐在那裏說：『醫療保健系統就是這樣，沒辦法。』我寧可將自己的時間和精力投入改變，而那些消極的人會說：『我能接受不完善的體系。』」

　　最後，企業領導者必須意識到什麼時候要進行策略轉變。正如之前討論的，有益於成功實施願景型策略的商業環境很少能持久。我們看到昆泰公司已經從願景型策略轉換成了經典型策略。其創立者吉林斯反思了這種轉變之後說，願景型公司需要隨著公司的成熟逐漸系統化：「正如隨著我們產業的發展，你會看到我稱之為願景型策略的系統化。」

　　很少有人能將這些有差異的特點相結合。但能做到的人就能夠做好準備，顛覆自己的公司和所處的產業。

你的行為是否符合願景型策略？

如果做到以下各項，則你的策略為願景型策略

✓ 你觀察到產業中現實存在的差距

✓ 你設計了公司未來的願景

✓ 你為了最終願景，建構了高階規畫

✓ 你堅持實現自己的願景

✓ 你靈活因應過程中的困難

技巧與陷阱

　　如本章內容一樣，願景型策略成功的關鍵是，在別人行動前，成為第一個發現並把握新機會的人，建立實現這個願景的商業模式，並在面對不可避免的障礙時堅持靈活性。但正如我們討論過的，80%的創業者會失敗，原因並不只是商業構思不好。

　　根據我們的調查顯示，無論實際衡量的條件如何，贊同商業環境是願景型的人員最多。調查顯示一種認知偏誤，那就是人們傾向於高估環境的可塑性和可預測性。而且，據企業報告顯示，不管其對外宣稱的是何種策略或者現實條件如何，願景型策略仍是最常使用的策略。這種理想與現實的衝突可能反映出同樣的偏誤，以及人們對願景型策略高度熟悉的程度。

【表 4-1 決定願景型策略成敗的技巧與陷阱】

七項技巧	八個陷阱
1. 明白時機即生命： 利用所處產業或市場發展的轉捩點。不要過早或太晚行動，要在其他人之前發現並實踐新機會。	**1. 混淆詳細的規畫與清晰的方向：** 詳細的規畫與清晰的方向彼此配合。你應該在過程中調整規畫。唯一要堅持的是願景。
2. 創造大膽的願景： 超越公司或客戶目前的價值觀，設想截然不同而且更好的新方式經營業務，發動畢其功於一役的革命，而不是漸進式的革命。	**2. 追求虛幻的願景：** 公司或創立者信奉轉瞬即逝的潮流或執迷於一種構思，而不是恰當的機會。你會孤注一擲，所以要儘量確定自己可以成功。
3. 成為第一，保持第一： 在成王敗寇的競爭中，贏者全拿，尤其在網路效應（network effect）與鎖定效應（lock-in effect）的影響之下，牽動利益關係者所涉及的事業領域。	**3. 漸進主義：** 沒有願景型領導者靠循序漸進改變世界。公司要想採取這種大膽的策略，必須有令人嘆服的願景，然後一次到位。

（續下頁）

（接上頁）

七項技巧	八個陷阱
4. 目標清晰，方式靈活： 短期策略要靈活，追求長期目標，解決意料之外的難題。	**4. 行動緩慢：** 每家公司都需要過程，但要避免過度的官僚主義影響你成為第一或保持第一。短期內，要尋找重視發展而不是利潤的投資者。
5. 溝通、溝通，再溝通： 你的願景是革新的，你需要告訴人們自己的願景，並鼓舞他們。唯有如此，員工才會為你工作、投資者才會為你投資、顧客才會購買你的產品或服務。	**5. 沒有說服力：** 構思願景與說服人們相信其力量是兩回事。未能成功將嚴謹的價值定位灌輸給同事、客戶和投資者的公司不會受到關注。
6. 設定下一次競爭： 如果你成功了，就會成為市場的領導者，最終也需要不同的策略。確保自己已經準備好進行策略轉型。	**6. 永遠心懷願景：** 願景型策略只在公司生命週期內適用。一旦業務成型，公司可能需要採取其他能夠保持競爭優勢的策略。
7. 志存高遠，腳踏實地： 平衡理想與現實很難，但非常必要。胸懷大志，也要注意細節。	**7. 知覺偏差：** 小心不要高估環境的可塑性及可預測性。只能在謹慎觀察確認後使用願景型策略。
	8. 有遠見的主張： 領導者們總傾向於輕易使用願景一詞。小心不要將願景視為花言巧語，應將其當成恰當的策略選擇。

第五章　塑造型策略：協調

【案例】

諾和諾德（Novo Nordisk）：透過塑造型策略獲得成功

　　1923 年，奧古斯特·克羅（August Krogh，1874-1949）和幾位有志一同的友人，在丹麥創辦製藥公司諾和諾德（Novo Nordisk）。那時，他怎麼也不會想到公司會對中國大陸規模龐大、興旺繁榮的胰島素市場發揮重要作用。

　　諾和諾德在當今中國大陸胰島素市場，擁有 60% 的市占率。[1]1990 年代，諾和諾德開始在中國大陸經營胰島素業務。當時，糖尿病尚未威脅到廣大人群，治療藥物市場也尚未健全。執行長拉爾斯·索倫森（Lars Rebien Sørensen，按：2016年卸任）表示，儘快進入市場很重要：「我們很早就進入中國大陸市場了；我們屬於最早一批在中國成立獨資企業的國際製藥公司。」[2]諾和諾德當初進入中國市場時，人們對於預防糖尿病的意識不足，治療手段尚未建立，也沒有受過相關衛教的醫療團隊，能夠與諾和諾德並肩抵抗糖尿病。據稱，那時中國大陸有 2.5% 的人都受到糖尿病的折磨，但真正確診的人數並不多；當今，大約十分之一 的中國人（約 9,900 萬）被確診患有這種慢性疾病。[3]

索倫森表示：「一開始，諾和諾德嘗試與當地製藥公司共同合作，打開中國大陸市場。但是我們發現，那些公司資金匱乏而且技術落後。」公司轉而尋求其他合夥人，共同努力教育醫生、病人、醫療監管機構，從公共衛生的角度切入，提高對糖尿病的防治意識並率先嘗試治療。

諾和諾德在醫師教育領域投入了大筆資金，並在醫療領域（其中有潛在的客戶和資訊傳播者）推廣衛教，宣導糖尿病的威脅以及可能的治療途徑。索倫森與中國大陸衛生部和世界糖尿病基金會建立合作關係。[4] 另外，諾和諾德還展開「治療糖尿病愛心巡迴車」進駐鄉村專案，對那些在偏遠農村的醫生進行教育。諾和諾德舉辦了超過二十萬場培訓大會和交流大會，以改進檢查、治療以及患者教育。[5]

索倫森說：「與醫生及管理者合作非常重要。我們到世界上每個地方要做的第一件事，就是與當地政府建立合作關係，為他們解釋糖尿病這種疾病，指出問題所在，並且對整個公共醫療部門推廣教育。到目前為止，我們已向五萬到六萬名中國大陸的醫護人員普及有關糖尿病的知識。因此也可以說，教育就是我們在中國大陸的行銷手段。」[6]

另外，諾和諾德深入患者群，以衛教加深民眾對糖尿病的瞭解。公司還成立一個名為諾和健康俱樂部的後援團。這個俱樂部擁有超過九十萬會員，重新定義了製藥公司所扮演的角色，那就是製藥公司不只是胰島素提供者，還是醫療領域的合作者，在飲食、生活方式、醫療器材等方面提供幫助。[7]

最終，諾和諾德與中國政府通力合作，在當地社區進行了投資。1995 年，公司在中國大陸開設了首家生產基地；2002 年，諾和諾德在中國大陸建立了研發中心，這是中國大陸首個由跨國製藥公司成立的研發中心。[8]索倫森表示，透過與政府和中國大陸糖尿病學會緊密合作，諾德諾和有機會幫助制定一套全國通用的治療標準方案。

透過這些合作，諾德提高了人們對糖尿病的意識，並幫助合作創立了糖尿病治療標準。在此過程中也獲得了市場領先地位。截至 2010 年，在中國的糖尿病治療市場中，諾德諾和的市占率是其最大競爭者的二倍。預計到 2025 年，中國的糖尿病患者數量還將增多一倍。[9]

索倫森進一步說明，他的公司在一個新興市場如何運用塑造型策略。他說：「我們在新興市場採用的策略都是一模一樣。基本步驟就是先與當地衛福部門、糖尿病協會和患者協會建立起合作關係，接著開始針對醫生傳遞糖尿病的相關知識。這意味著一旦他們開始確診糖尿病患，就可以進行治療。我們教他們怎樣治療病人，他們最終就會買我們的產品；這是一個非常簡單的模式。」[10]

塑造型策略：核心理念

　　像諾和諾德一樣，有時候你能夠獲得絕佳的機會來塑造或重塑一個處於發展初期的產業。此時行規尚未成文，產業有機會發展壯大，變得足具吸引力，而且對你有利。這樣的機會允許，也要求你與他人合作，因為你無法獨自塑造一個產業，你需要他人與你共同承擔風險，在內部能力與資源形成互補，並迅速建立市場。由於塑造型公司處於產業發展的初級階段，需要多個它必須影響卻無法控制的利益關係者，因此這類公司處於高度無法預測的環境之中。

　　在這種高度可塑又無法預測的環境中，企業想要成功，就得讓其他利益關係者**吸引**（engage）其中，在合適的時機達成一致目標，創建出一個能夠運用影響力發揮**協調**（orchestrate）作用的平臺，最終透過增大規模、保持靈活讓這個平臺**發展**（evolve）。（圖 5–1）

　　借用之前的藝術比喻來說，塑造型策略就像請多位藝術家協助創作一幅大型壁畫。你必須讓他們參與其中，統一意見；另外，為了避免混亂，運用你的影響力協調各位畫家通力合作。你需要不斷協調其他畫家的創造力，按照你的意願完成畫作。

　　塑造型策略如果運用到位，就能帶來極其豐碩的成果：許多企業（或是利益關係者）在塑造型企業的協調下共同創造出新的市場。與後進入市場的企業相比，這些塑造市場的企業占有更大的市占率。由於先進入市場的企業背景各不相同，它們的通力合作使得市場創新的成本降低，速度加快，而且不利於單個企業單打獨鬥。除此之外，這套企業合作系統發展得很快，而且能夠快速應對改變。此外，得益於強大的網路效應（network effect，按：產品的價值會隨著新的使用者加入〔減少〕而提升〔下降〕，也稱為網路外部性〔network externality〕）與鎖定效應（lock-in effect，按：產品在特定系統中緊密關聯，使用者若想單獨換掉其中任何一項產品，都要付出極高的成本），這套合作商業系統異常強大。除此之外，整個市場通常只能容納一家協調型企業和一套合作系統。

　　因為塑造型企業所處的環境無法預測，所以塑造型策略與適應型策略有一些共通性，也就是新產業的動態無法完全預測，會以不斷重複的方式向前演進。但是像願景型企業一樣，塑造型企業認為環境是可形塑的，並且尋求機會定義或重新定義一個產業，用更好的方式解決新問題或現存問題。然而，由於要做的工作範圍寬廣且無法預測，塑造型企業會與其他利益關係者共同合作創建新的市場，而非單槍匹馬，獨自上陣。即使許多企業都渴望扮演塑造者的角色，但它們中多數沒有實力，也鮮少有機會在產業的演進過程中，扮演核心角色獲取更多利潤。

【圖 5-1　塑造型策略】

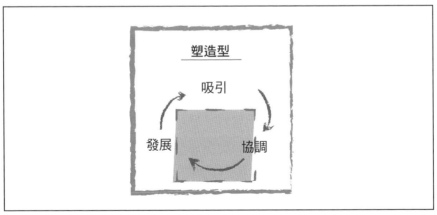

你可能已經知道的事

　　企業能夠透過與外界各方合作競爭獲得成功的概念有其淵源，即**生態學思考**（ecological thinking）。共生、組織間的互利關係等概念都來源於此。1960 年代，布魯斯·亨德森已經把自然領域和商業領域的競爭進行了對照。近年來，**複雜適應系統理論**（complex adaptive systems theory）已探索出這種動態合作系統的運行和演變方式。[11]

　　利益關係者管理理論（stakeholder management theory），即在制定商業策略時將外在利益關係者考慮在內的概念，產生於1980年代。一開始，這個概念強調的是企業行動產生的廣泛影響，而不是聚焦在市場的**合作發展**（codevelopment）。[12]

　　1990 年代初，運用「解構」（deconstructed）商業模型的高科技企業愈來愈多。所謂「解構」，就是一家公司協調許多其他企業進行各項工作。連結性高、交易成本低等特點，益發增強這個趨勢。詹姆斯·摩爾（James F. Moore）和其後的馬可·顏西提（Marco Iansiti）和西蒙·萊文（Simon Levin）等商業理論學家，提出**商業生態系統**（business ecosystems）的概念，也就是結盟的企業可以從互利的共同演變中獲利。同一時期，亞當·布蘭登伯格（Adam M. Brandenburger）和貝利·奈勒波夫（Barry J. Nalebuff）提出**競合策略**（co-opetition）。意即企業有時需要與潛在競爭者（potential competitors）合作，不能只和那些不屬於同一個產業，或在價值鏈上沒有直接關係的企業合作。[13]

1999 年，波士頓顧問公司的菲利浦・伊凡斯（Philip Evans）
和湯瑪斯・伍斯特（Thomas S. Wurster）在他們合著的《位元風
暴：新資訊經濟下的企業轉型策略》（*Blown to Bits: How the New
Economics of Information Transforms Strategy*）一書中，探索了**新
資訊經濟**（new economics of information），重新定義企業及其客
戶、供應商和員工之間關係的方式。

在這本書中，作者提出在技術變化日新月異的產業中競爭的新
模型，其中包括「協調者」模型，這也是塑造型策略的核心理念。
後來，波士頓顧問公司詳細闡述了在某些情況下，**系統優勢策略**
（system advantage）和**塑造型策略**（shaping strategies）可以替代
經典型規模策略和以定位為基礎的策略。[14]

亨利・伽斯柏（Henry Chesbrough）是**開放式創新**（open
innovation）概念的提出者之一，這個概念宣導在創新過程中，彙聚
外部的想法和參與者，共用資源和風險。2004 年，C・K・普哈拉
和凡卡・雷馬斯瓦米（Venkat Ramaswamy）介紹企業及其客戶之
間產品的**共同創造**（cocreation）概念，他們認為創造價值的活動正
加速向經典型的企業範圍之外轉移。[15]

什麼時候採取塑造型策略

當有機會在某個產業演變初期定義或是重新定義產業規則時，企業應採取塑造型策略。這種情況適用於高度分化、年輕、動態性強的產業，剛陷入混亂的產業及新興市場。在這些產業中，塑造型策略能夠刺激需求、建構滿足需求的經濟基礎設施，並且隨著市場發展削減政策及其他方面帶來的不利影響。不斷加快的技術變革以及全球一體化使得這樣的機會更加普遍。

如果企業有足夠勇氣試著塑造新興或不久前遭到顛覆、動態性很強的產業（比如軟體、網路服務業），這樣的產業能夠給企業帶來巨大的積極影響。這樣的機會本就無法預測：沒有人能拍著胸脯預測 Fackbook 或水力壓裂（hydraulic fracturing，按：又稱水力裂解，是開採頁岩氣的關鍵技術）所塑造的市場規模、成長率和獲利。另外，這類產業具有可塑性、市場進入門檻低，對管理者來說產品是全新的，哪家企業或哪種商業模型能領先也是未知數。顛覆式創新也具有同樣的效果，也就是把一個之前穩定、不可塑的產業推到一個不可預測、可塑的新階段。

像是中國大陸和印度這樣的新興市場，同樣具有不可預測和可塑的特點。在那裏，企業都處於發展初期、監管規定發展不健全、居於主導地位的企業很少、成長迅速。根據我們的分析顯示，新興市場的不可預測性和可塑性是成熟市場的二倍。新興市場很大程度上依賴出口和外商直接投資。大宗商品價格變動和匯率波動，人口流動及需求模式、管理方式變更，競爭方法變化與高成長率，都會影響到新興市場（圖 5-2）。

【圖 5-2 新興市場比成熟市場更為可塑但更難預測】

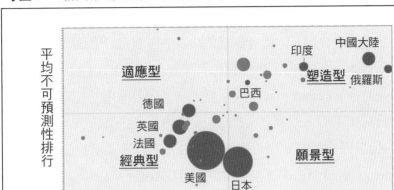

資料來源：Compustat 資料庫，世界銀行經濟資料，波士頓顧問公司分析
註：一國產業環境的未加權平均值；利用一項成長綜合指數，過過市場資本化波動和可
　　塑性、規模效應和產業細分來衡量不確定度。

　　在這些年輕的產業和經濟體中，通常沒有一家占主導地位的企業
能夠獨自提供資源並應對危機、占領市場。另外，由於新興市場的產
品需求通常不明朗，或變化過快，因這個家企業難以輕易管理起整個
市場。最後，企業可能需要與一系列廣泛的利益關係者進行交流，因
為市場發展依賴於塑造規則或者教育客戶。因此，成功之道就是要與
多個利益關係者共同開發市場和產業。

　　以智慧型手機的生態系統來說，安卓（Android）和蘋果作業
系統（iOS）之所以對客戶來說更具吸引力，是因為 Google 和蘋果
在智慧型手機發展初期，以一種雙贏的方式，邀請外部開發商開發
它們的平臺。當時的競爭對手諾基亞（Nokia）卻自我設限於守舊
的軟體架構。在安卓和 iOS 系統出現之前，雖然絕大多數主流行動
手機公司都使用 Symbian 平臺，但 Symbian 缺少架構靈活性，也不

具備能夠迅速創造出多種應用的基礎設施，也就是應用商店。[16]相反地，蘋果應用商店（Apple's App Store）卻成為當今最具活力的應用中心，許多應用開發商（包括《憤怒鳥》〔Angry Birds〕的開發商〔按：Rovio Entertainment〕和《糖果傳奇》〔Candy Crush Saga〕的開發商〔按：King Digital Entertainment plc〕都參與了蘋果應用的開發。[17]諾基亞前執行長史蒂芬・埃洛普（Stephen Elop）在評論競爭情況時說：「我們的競爭對手並非利用設備贏得市占率，而是利用整個生態系統（ecosystem）贏得市占率。」[18]此後，諾基亞進行改造，退出移動設備市場，專注於展開網路工具、技術授權、智慧定位等領域的工作。[19]

那麼，不可預測但可塑的環境的衡量標準是什麼呢？預測準確性有限、市值有漲有跌、營收時高時低、競爭地位時有變化，這些是不可預測性的特徵。規模效益有限或減小、成長率高、處於領導地位的企業匱乏、規則處於萌芽狀態或不斷變化，這些則是可塑型的特徵。

由於技術變化加快、全球聯繫增強、貿易自由化、人口遷移創造出新的客戶需求等原因，可塑性情況不斷增加。然而，若想採用塑造型策略，外界環境條件只是要考慮的因素之一，還有其他二項因素至關重要：時機和協調能力。塑造型策略實施者要能夠抓住市場發展初期或是現行市場即將瓦解時的轉折點。另外，企業必須擁有足夠的影響力，吸引其他實力強大的利益關係者（stakeholders）加入整個生態系統。大多數企業沒有足夠強大的影響力扮演領導者的角色，這也部分解釋了為何與其他策略相比，塑造型策略成功的情況更為少見。

舉個例子，如果企業想獲得足夠的影響力，它可以進行大刀闊斧的創新使自己躋身生態系統的核心地位。就像蘋果創造iTunes（iOS設備管理工具）平臺一樣。或者，企業也可藉由知識或規模優勢（scale advantage）獲得影響力。諾和諾德在中國大陸的公司就是例子；或者，企業可以像Facebook那般，控制主流互動平臺；再者，企業可以充當聯繫分散客戶或供應商的節點，就像利豐集團一樣，扮演產業鏈協調者的角色。

　　缺乏影響力的企業無法在塑造型策略中扮演領導地位。但這並不意味著不能在一個生態系統中扮演其他角色：許多企業透過參與到其他公司的生態系統中，利用適應型或是經典型策略打造了同樣具有吸引力的生意。例如，Zynga、Playfish、Playdom這三家企業都是作為應用開發商加入Facebook平臺，成就了數百萬美元的生意。[20]

【案例】

為何生態系統至關重要：以紅帽（Red Hat）為例

　　軟體供應商紅帽協調開發Linux作業系統的開源軟體（open source software），從而創造了 10 億美元的市值。[21]該公司支持與外界開發商共同開發軟體，參與到企業團體當中，並提供免費軟體專業升級版收費服務，進而獲得投資利潤。

　　開源軟體本質上是免費提供給客戶的，而紅帽也沒有直接控制資源，那麼它是如何成為如此成功的企業呢？一開始，紅帽就有著一個清晰的合作型理念：「要做客戶、贊助者、合作方群體的催化劑，以資源開放的方式創造出更好的技術。」[22]

　　紅帽常常與外界合作方深入共事。公司做事隨時隨地都會考慮到對於利益關係者的影響，尤其是軟體發展商。紅帽總裁兼執行長吉姆‧懷特赫斯特（James "Jim" Whitehurst）解釋了發展並維持雙贏的重要性：

　　「每當要做些改變時，我們會與系統內所有人進行深入的交流和協商。」在系統裏擔任協調者必須無私奉獻，以贏得其他利益關係者的信任和好感。「我們在 Linux 裏添加了很多與我們沒有直接關係的元素。事實上，在所有我們參與的開源社群中，我們是最大的貢獻者。這個選擇是我們自願做出的，因為這是做生態系統貢獻者必須要實踐並珍惜的。」

　　透過擔任整個系統負責任的貢獻者和協調者，紅帽逐漸擴大影響力和認同度，其提供的服務也獲得收益。懷特赫斯特再次強調：「我們的策略始終圍繞著生態系統，規模是我們獲得上游信任的既有優勢。然後，我們努力建構自身的下游商務系統，主要圍繞獨特開源技術版本。」例如，紅帽的軟體證明專案，保證來自像是思愛普（SAP）、甲骨文（Oracle）和 IBM 等這類公司的主要應用，能夠在紅帽的開源產品上運作，這樣就有效地將紅帽樹立為企業資料中心這個產業中的 Linux 業界標準。透過其對開源專案的巨大貢獻，紅帽可以對開源產業的發展方向施加影響力。同時，由於開源社群和其客戶信任並認為紅帽品牌有價值，紅帽得以開拓了一條透過企業級版本、認證服務、客服和軟體維護獲得利益的道路。

另一方面，紅帽不會嘗試在其缺乏足夠影響力的市場採用塑造型策略。換言之，公司謹慎選擇塑造型策略的適用產業。懷特赫斯特解釋說：「核心問題是，我們是否可以創建一個能夠取得成功的競爭環境。問題不在於執行或是遵守規則，而在於制定規則。」如果沒有影響力，那麼塑造型策略將會失敗。他還說：「如果規則對我們不利，那麼我們將放棄這個產業部門，或是改進技術，盲目拚命是沒有用的。」

紅帽公司扮演協調者角色帶來的效益非常顯著。公司相信自己比起經典型閉源（closed-source）競爭者（如思愛普和甲骨文），在開發、啟動並調整軟體方面速度更快。隨著塑造型策略的成功，紅帽公司的股價已從 2009 年的 8 美元躍升至 2014 年的 59 美元：紅帽也是第一家年營收超過 10 億美元的開源軟體公司。[23]

塑造型策略的應用：制定策略

　　有效利用塑造型策略知易行難，部分原因是這種策略對於大多數企業來說聞所未聞。企業在運用這個概念時比較隨意，誇大了商業環境的可塑性，並採取與實際塑造型策略不一致的行為。例如，我們發現大約有三分之二打算採用塑造型策略的企業仍然制定詳盡的長期業務預測，而這是經典型策略的慣用方法。另外，只有不到半數的企業認為它們的成功依賴於與其他公司合作，僅有三分之一的企業積極嘗試透過影響規則改變外部環境。明顯地，企業需要對於具有挑戰性但威力巨大的塑造型策略，必須深入瞭解。

你是否處在塑造型商業環境中？

如果以下判斷屬實，那麼你就處於塑造型商業環境中：

✓ 產業擁有尚未開發的潛力；

✓ 產業可以透過合作進行塑造；

✓ 產業規則可以塑造；

✓ 產業內沒有占領先地位的企業或平臺。

　　如同適應型策略一樣，塑造型策略從本質上說由吸引、協調、發展這三個元素不斷重複組成。因此，策略的制定和執行階段沒有清楚的界限，這個點與經典型策略不同。因此，這三個元素應當深刻蘊含在企業間和企業內的結構及營運機制中。

　　制定塑造型策略一開始就需要讓外界的利益關係者參與其中，對產業發展形成共同理念。接著，協調者建構並營運一個能夠將所有參與者團結在一起的平臺。這個平臺允許協調者施加影響力，從整個生態系統中創造並汲取價值。最後，協調者透過擴大規模和涉足領域升級平臺和生態系統，使其在外界發生變化的情況下也能保持靈活性。

吸引他人參與其中

使用塑造型策略帶來的好處主要來自於其他實力強大的成員的資源和實力。因此，協調者必須在制定策略時讓其他成員參與其中。協調者需要樹立合作理念，確認最佳利益關係者，並使其認同這個理念；理解並包容這些利益關係者的利益，在合適的時機啟動生態系統。

創造一個塑造型願景

塑造型願景概括了生態系統中潛在合作者們一起解決問題如何優於企業單幹；這些合作企業如何能夠刺激需求並建構經濟基礎設施滿足需求，同時清除可能存在的障礙，例如隨著市場發展而出現的監管法規。這個理念必須照顧到多邊利益，可以透過與利益關係者反覆討論，也可以由充當協調的企業內部決定。塑造型願景需要與其他利益關係者實現共贏，且應當預料到協調者需要分享資源，不要期待立即就能獲得回報。具備這種合作的品質能夠建立信任、好感及影響力，這些優勢在以後能帶來好處。在理想情況下，資源分享花費的成本有限，以諾和諾德的例子來說，該公司與中國大陸的醫院和管理機構推廣衛教，藉此宣導並且分享既有的糖尿病治療知識，進而尋求未來的合作機會，最終讓中國大陸訂購自己的藥品。

　　塑造型願景可以獨自創立，也可以透過合作創立。例如，諾和諾德先獨自創立了塑造型願景，然後讓利益關係者加入；而紅帽的理念是與軟體開發團體反覆交流形成的。不論如何，塑造者應該把理念的塑造當成與生態系統中所有參與者持續交流的結果，因為有時很難優先處理外界各方的利益，而且這些利益會不斷演變。例如，Facebook 自 2007 年創辦以來，多次改變外部發展平臺的規則以適應開發商不斷變化的利益。[24] 經典型策略經常被稱為競爭型策略，成功的經典型企業把主要力量集中在超越競爭對手上。相反地，塑造型策略的本質是協作。事實上，如果塑造型策略成功了，那麼不必太過擔心競爭，因為生態系統結構本身具有強大的人脈效應；參與者愈多，系統的價值對參與者來說就愈高。

　　塑造型願景並不設定一個明確的最終狀態或是最終產品規格，而是將生態系統的共同價值定位細節化，像是創造價值以及怎樣分配價值（**圖 5-3**）。這與願景型策略的理念不同，願景型策略本質上須設定具體成果。蘋果應用商店 2014 年最流行的應用程式是《妖精之劍》（Goblin Sword），而不是 2008 年最流行的《錦鯉池塘》（Koi Pond），這對蘋果公司來說無關緊要。2008 年啟動蘋果應用商店，將生態系統理念付諸實踐。[25] 對於蘋果來說，真正重要的是系統，而不是某個具體的App。因為系統對於開發商和用戶來說，具有足夠吸引力，蘋果公司才能夠從中獲利。有幾家成功應用塑造型策略的企業強調，經營一個生態系統是「催化」出有效的市場機制，而非「經營」某個特定的結果。

【圖 5–3 Facebook 的外部應用和網路生態系統】

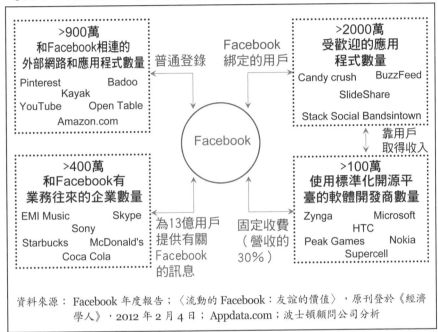

資料來源：Facebook 年度報告；〈流動的 Facebook：友誼的價值〉，原刊登於《經濟學人》，2012 年 2 月 4 日；Appdata.com；波士頓顧問公司分析

確認利益關係者並理解他們

到這裏，我們已強調過與眾多利益關係者合作的重要性。問題是，究竟誰才是利益關係者？你需要誰的資源和才智？在諾和諾德等某些案例中，利益關係者可以毫不費力地提前確認，但有時確認不了，或確認的結果並不正確。如果你的平臺吸引力取決於其所提供的產品種類和動態，那麼你需要敲鑼打鼓。如果你正在開發一個新的市場，那麼你就需要關鍵的意見領袖、生產替代產品的企業、客戶，有時甚至包括競爭者（Google 地圖是蘋果應用商店最受歡迎的應用之一），應該協調系統整體與系統內利益關係者有什麼可以受惠之處。

因此，發揮協調作用的企業應該規畫好相關方的利益與潛在生態系統的協調方式、貢獻模式，以及它們可能相互影響的途徑。

利益關係者對獲得你的客戶源、品牌或是智慧財產權感興趣嗎？它們想要利用你的企業規模或是資源嗎？

在恰當的時機發起合作

最後，時機很關鍵。行動過早，市場情況可能不夠有利，無法說服合作者加入；行動較遲，那麼有可能其他協調者的平臺已取得領導地位，已獲得了潛在網路效應和鎖定效應，想迎頭趕上就為時已晚了。

協調

要協調眾多截然不同、時常變動的合作方就需要建構平臺，並保證平臺的順利營運。這個平臺能夠鎖住利益關係者並促進它們相互交流，獲取利益，並提供能使塑造者施加影響力的中心點。讓我們具體來看一下操作步驟。

建構平臺

建立平臺的首要目的，是促進生態系統參與者之間，或參與者與客戶之間的直接交流。因此，理想的平臺會降低利益相關者的交易成本和協調者的管理成本。一個較大的生態系統則由於其內部的複雜性而無法實現以上優勢。成功的平臺常常為參與者提供回饋，使它們不需要接受來自協調者直接、詳細的指令就能實現自我調節。最後，良好的平臺透過發揮網路效應增值，讓利益關係者不至於離開，競爭對手也無法建構能與之對抗的生態系統。我們有多少人願意放棄手中的App和相應資料，而換個新的智慧手機系統？

　　基於以上原因，平臺通常是個促進低成本交流並提供即時市場回饋的（數位）市場。我們再回頭看看前面提到的蘋果應用商店。開發商根據客戶最迫切需求的題材開發軟體；用戶根據使用感受給應用的品質打分，並「以他們的手指投票」。開發商得到回饋，並獲得相應回報，但是它們無法輕易地把自己的應用移植到另一個平臺中，因為應用是為iOS操作系統專門設計的。

　　不過，平臺也可以採用不同的形式，既可以採用非數位化的形式，也可以採用非市場化的形式，就像諾和諾德為監管者（regulators）和醫生組織的會議，或是紅帽的費朵拉（Fedora）的電子化分配通路。另外，還可以組建一系列契約標準，列出合作者的參與規則，就像利豐集團（Li & Fung）所做的那樣。

營運平臺

　　搭建平臺只是營運平臺的開始，就好像建造一個橄欖球場：只有到球員都上場了，比賽才能開始。塑造型企業就像一個優秀的總裁判（不過這個裁判同時也是球場的老闆），必須積極地透過有選擇性地控制一些關鍵活動來管理平臺。由於控制一切的做法既不可能也不得人心，所以塑造型企業應該把注意力集中在團結利益關係者、將創造的價值「變現」、調整系統維持雙贏等層面。

　　成功的生態系統協調企業通常能夠控制規則與互動的機制。這麼做使其能夠催化生態系統的發展，並不是凡事插手介入管理。對於扮演供給鏈協調者的利豐集團來說，該企業沒有織布機，沒有縫紉機，也沒有紡織廠，卻是全球最大的消費品貿易公司，提供大量注重時效的產品和分銷業務。這是怎麼做到的？利豐集團搭建了一個平臺，協力廠商供應商在這個平臺上互相聯繫，形成了一個巨大的網路（網絡），所有工作都是由這個網路完成的，而這也同時滿足了單個生產商以及零售商的需求。利豐集團制定了網路中成員必須遵循的規則，誰若是不遵守，就會遭到開除；同時，利豐還根據幾項原則管理供應商系統，如不斷更新生態系統，監控、評估利益關係者的工作並為其提供回饋等管理供應商系統。換句話說，利豐集團對企業如何吸引、如何協調進行控制，進而控制生態系統如何運作、如何發展。這麼做帶來的結果是速度、靈活性和效率高得無與倫比。該企業送貨的速度僅為產業平均速度的一半。最終，利豐集團透過將中間商向客戶收取的中間費作為自己產品的質保費用，進而從中獲利。截至 2013 年，公司年營收超過了 200 億美元。[26]

　　高效的平臺管理會使加入生態系統更具吸引力、將網路效果最大化，從而不讓潛在的競爭者建立競爭基礎、提高合作之外實現價值的難度來將價值控制在生態系統內。成功的塑造型企業透過分享資源同時暗中控制的方式，只提供在生態系統內有價值的資源，比如向應用開發商提供只適用於該平臺的工具。

改進生態系統

塑造型策略的威力蘊含在利益關係者做出貢獻的深度和廣度中。這些貢獻使得生態系統能夠快速發展並快速適應外界環境的變化。生態系統內部及自身的多樣化能夠吸收用戶，如同前述，蘋果應用商店之所以打敗諾基亞，其中一方面原因在於蘋果應用商店的廣度。因此，哪怕犧牲效率，也要保持多樣性。塑造型企業必須不斷創造機會擴大平臺的廣度和規模，以將網路效率最大化。例如，中國大陸的電商巨頭阿里巴巴為淘寶網拉用戶上花了血本，八年間該企業沒有獲利，相關策略留待後述。[27] 但截至 2014 年，淘寶網已經是全球流量排名第八的網站了。[28]

─ **在不可預測但可改變的商業環境中模擬策略** ─

在高度難以預測且可塑的環境中，企業需透過長時間不停探尋多種方案並花大力氣對選擇的方案加以塑造來確保成功。為了營造這樣一個環境，我們模擬出可塑的策略方案，這些方案的價值會透過投資得到提升。另外，我們會隨著時間調節收益，以反映不可預測性。

這樣的環境造成的結果對絕大多數策略來說都不容樂觀：經典型策略會因為策略方案所創造的價值不斷縮水而失敗；更具有探索性的適應型策略無法從有限的策略方案選擇中透過深度、持續的投資獲取利潤；最終，願景型策略所進行的單次分析以及致力於單項策略方案的選擇在面對不斷變化的環境時，會有過時的危險。

與此相反，經過我們的模擬顯示，將精力花在階段性探索以及一套策略方案上，並隨著時間的推移改變重心的策略能夠在這種環境中取勝（**圖 5–4**）。這樣的策略和塑造型策略很像，要求企業在生態系統內的一系列策略選擇上進行投資。在這樣的生態系統中，你不必知曉哪種策略方案是最好的，只要取得生態系統的領導地位，一旦選擇了策略方案，企業就能夠占據最有利的位置。

【圖 5–4 塑造型策略在不可預測、可塑性強的環境中有效（模擬）】

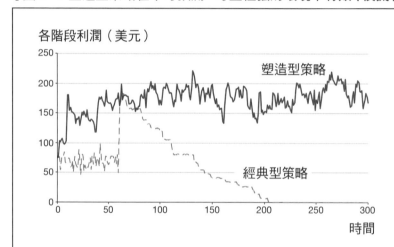

各階段利潤（美元）

塑造型策略

經典型策略

時間

資料來源：波士頓顧問公司策略智庫 MAB 模擬機制

註：該結果是在非競爭環境下，針對 30 種投資方案模擬 30 次以上得出的平均值

　　一旦系統到了關鍵時刻，協調型企業必須讓這個生態系統保持靈活。外部環境發生變化，生態系統也必須隨之改變。隨著平臺發展，協調型企業必須讓參與者群體進行改變以維持聯盟。我們見過生態系統由於變得僵化而失敗，有些時候，協調型企業會因為過多的控制或疏遠而失敗。舉個例子，有時候塑造型企業會出於對效率和專業化的欲望而減少生態系統參與者，藉此降低管理費用。最終，這些經典型的趨勢降低了企業的多樣性和活力，從而損害了生態系統長期的吸引力和適應力。如果只有某家企業能夠生產某種產品，這家企業就會操控整個生態系統。

【案例】

阿里巴巴的策略制定

　　原本阿里巴巴（Alibaba.com）只是一個無名的電商巨頭，這樣的情況在該集團 2014 年 9 月 19 日於美國上市之後改變。[29]阿里巴巴在 1999 年由馬雲創立，一開始做的是企業對企業（B2B，business-to-business）入口網站 Alibaba.com。該網站成為中國大陸生產商聯繫國外購買者的橋梁。2003 年，該企業創立對消費者直接做生意的網站淘寶網（taobao.com，按：之後拆分為 C2C〔customer-to-customer〕的淘寶網、B2C〔business-to-customer〕的天貓，以及購物搜尋引擎一淘網）。2013 年，阿里巴巴集團的交易量已經超過亞馬遜和 eBay 銷售量的總和，中國大陸的快遞包裹中，大半都是透過淘寶網購買運送的。[30]同時，阿里巴巴將平臺擴大，利用相關門戶（例如用於支付服務的支付寶以及用於雲端運算的阿里雲）跨足熱門事業。該企業透過設定擴張性的願景、為平臺吸納大量利益關係者、不斷投資以擴大平臺、不斷升級生態系統等手段，自 2008 年起，年成長率高達 60%。

　　策略長曾鳴解釋阿里巴巴是如何認識到電商領域的不確定性，但依然致力於塑造市場的原因：「最初的想法是網路能夠改變一切，所以我們想做網路。但我們並不瞭解支付方式或企業對客戶（B2C）或其他任何概念，我們想的是，『我們能不能透過平衡網路科技來給社會創造些東西？』因此，首先我們開始做國際貿易，接著做 SME（small and medium enterprises，中小企業），接著做零售，然後做支付，然後做雲端運算。」阿里巴巴在進入任何平臺前會仔細調查是否有刺激大型市場發展的機會。「別做那種只給有限數量客戶提供服務的業務，」曾鳴說，「如果業務的目標只是市場的某個細分市場，那就把這個業務留給協力廠商去做吧。」他告訴我們，阿里巴巴只願意在網路具有極大影響力的情況下充當領導者。「我們的業務就是平臺業務，所以一切都是平臺。點擊量，也就是用戶人數最重要，這意味著你是否得到了這個平臺中的關鍵。」

阿里巴巴的協調理念基於市場層面而非管理層面。「我們試著盡量少介入，」曾鳴說，阿里巴巴是透過在平臺層面實行獎勵來增進雙贏關係，「我們在商業界有著獨一無二的能力。你需要賣家，所以能有東西賣，接著你將重點轉移到買家，所以更多賣家會加入進來。（我們能夠影響）消費者的意見回饋循環，讓它朝著正向發展，進而形成規模。」他挖苦地說道：「我們不會讓工商管理碩士（MBA）來做市場，因為他們所學的是如何『管』東西。」

阿里巴巴不斷地親力親為，升級平臺。比如，在淘寶平臺增加即時通信和賣家信用評價系統，建構參與者之間的信任。信任在中國大陸做生意時一向非常重要，同時也是阻礙人們加入網上交易的潛在障礙。

可能最重要的是曾鳴認識到了阿里巴巴的策略是講合作，而且分多個階段。「我們的創新具有顛覆性，」他告訴我們，「我們運用技術顛覆了現有的範例，因此我們需要一個清晰的願景，同時在和可能是新手的合作夥伴合作時保持極大的耐心。」

塑造型策略的應用：實施策略

　　由於塑造型策略的方向來自於經常性的參與和對不斷演化的合作方所做的指導，這種策略要融入「組織」的各個層面才能有效。然而，塑造型策略必須突破公司的邊界，從鼓勵外部創新到建立開放型組織架構展開領導，啟發和影響其他生態系統參與者。

訊息傳達

　　生態系統協調者必須調和、監控多元的關係，並催化多方互動，以創造對多元都有利的結果。在一個龐大的生態系統中，處理所有方面的互動非常複雜，因此這個工作十分難做。利豐集團有 1 萬 5000 家供應商；僅美國國內就有 27 萬 5000 位 iOS 程式開發人員。[31] 資訊就像潤滑劑，能夠促進協調者和參與者之間的互動，使其配合得更好，而且可以作為持續獲得回饋的工具，刺激相互學習，從而增加可見的平臺價值。因而，資訊必須很方便地分享、取得，而且不斷更新。發展基於市場的適應機制，不需要協調者持續介入。

　　前述的（電商）平臺的運作方式，自然而然就是一個資訊分享系統，儘管有時候協調型企業需要扮演一個更主動的角色，就像諾和諾德為中國大陸醫療產業相關人士開會那樣。在理想情況下，平臺透過客戶滿意度、需求形態、生態系統的整體健康度自動獲取資訊，並不需要協調型企業特別介入來獲取和分享資訊。成功的虛擬市場透過易於瞭解、有用的方式同時從參與者那裏蒐集資訊，同時共用資訊。

　　阿里巴巴充分利用獲得的資訊發現擴大平臺的新機會。利用強大的資訊力量，該企業讓中國大陸的零售業產生巨變，透過更多、更新、更不同的商業模式，用更快的方式為更多的人運送產品。回饋，能夠增強阿里巴巴平臺和參與者的活力。阿里巴巴的銷售資料讓商家便於理解新機會，用戶回饋讓參與進來的零售商改進自己的服務，同時給阿里巴巴瞭解用戶需求改變提供線索，使其能夠調整標準。曾鳴認為這對阿里巴巴制定策略極為重要：「我們正在摸著石頭過河。經濟學家也猜不到會怎樣，所以我們只能不斷嘗試。我們從市場得到回饋，然後做些調整。」

最終，優質、量化的資料量度。能夠讓協調型企業知道共同進化方案的變革是否有效。衡量方法包括獲取新產品活力指數（new-product vitality index）、生態系統成長率（ecosystem growth）、綜合獲利（combined profitability）或整個生態系統的市場占有率。以蘋果公司為例，衡量方法包括應用開發者的從中獲利和集中情況，及使用 iOS 系統的使用者和其他設備（例如安卓〔Android〕）使用者的市占率。

創新

生態系統的本質在於控制外部資源以支援快速、並行的創新。因此，創新在絕大多數情況下發生在外部，取決於生態系統參與者的多樣化情況，但由塑造型企業催化。塑造型策略的創新並不意味著直接管理每一項創新，也不應該直接管理每一項創新，一個基於管理而不是基於市場的策略，不但無法擴大規模，還會限制生態系統創新的速度和多樣性。協調型企業用激勵和向參與方提供回饋的方式催化創新，使參與方能夠用符合生態系統利益的方式創新。

當然，並非所有創新都發生在企業外部。協調型企業的創新通常是第二級的開發並改進商業模式和交流平臺，以鞏固塑造型企業對生態系統的協調地位。Facebook特意在二個可以鞏固自己協調者地位的方面進行投資，以此推動內部創新。如此一來，才能持續為外部合作者提升自己平臺的價值定位。這二個方面分別是：第一，改善公司開發應用和平臺技術設施，便於其他方合作。第二，或許也是更重要的一點，該公司不斷改進使用者介面，增加諸如照片流（Photo Stream，使用蘋果裝置的用戶可無縫傳輸照片與影片的功能）、時間軸（Timeline）和其他能夠保持關鍵用戶興趣和參與度的特色應用，從而確保平臺對廣告商和應用開發商具有吸引力。

組織

和我們研究過的其他策略不同，塑造型策略分析的關鍵在於商業生態系統，而不僅僅是企業本身。這個更廣的視角對企業的組織架構、文化、領導階層都產生了影響。塑造型組織形式需要對外部環境開放並且融入其中，進而使參與者跨界，建立盟友之間的信任。

以結構而言，這就意味著協調型企業在組織形式上沒有界限；這樣的企業，透過採用和生態系統本身相同的以市場為基礎的機制，對資源和知識進行充分利用和分享，並在一定程度上進行控制。

例如，在符合廣大生態系統利益的情況下，協調型企業可能透過讓員工輪調、向生態系統上游和下游的企業投資、分享智慧財產權等方式和其他參與企業進行融合。比如，Google定期召開開發者會議，在會議上，該公司透過培訓、一對一回饋、讓合作方和Google工程師一起開發應用等方式在合作方身上花心血。[32] 很明顯，這樣一種開放型組織形式需要企業轉變觀念，對於習慣區別「他們」和「我們」的領導或職員來說尤其如此。這樣的組織形式需要一種放手的心態。企業領導者並不制定嚴格、詳細的規章制度，而是設定大方向，鼓勵外在合作。

文化

　　跨界的原則，同樣適用於文化。塑造型的企業文化必須向外看，對外在各方抱持廣為接納的態度，催化而非控制利益關係者的交流，鼓勵合作而非競爭。

　　企業必須激勵、獎賞員工、超越企業，並且跨界建立合作關係。開放和謙虛有助於培養信任，而信任是在生態系統參與者之間建立長期、成功互動的關鍵。正如諾和諾德執行長拉爾斯・索倫森（Lars Rebien Sørensen，按：2016年卸任）所說：「於是我們公司有了一個開放的文化，我們有望建立一個讓人們覺得自己在公司決策上有發言權的文化，當然這些決策的目的是把工作做得更好。」最重要的是，塑造型文化鼓勵員工尊重生態系統中的其他參與方。塑造型企業通常推行一個致力於建立關係的「非管理型文化」，而不是直接對關係進行管理或控制。

領導力

　　跨界的原則，在培養領導力上也如出一轍。有違常理的是，塑造型企業的領導者會透過賦權（empower）來獲得影響力和尊重。塑造型領導者會跨界，塑造型領導通常透過合作的方式設立生態系統願景、和其他合作方交流願景、以雙贏為基礎建立外在關係、解決衝突、發揮影響而非發號施令。透過這種方式，塑造型企業的領導者更像是催化者（觸媒），而不是嚴格推行自己想法的管理者。

【案例】
紅帽公司的組織、文化和領導力

　　紅帽執行長吉姆・懷特赫斯特，指出一些執行塑造型策略必須做的事。比如紅帽的組織形式特別注重建立外在關係，這就需要非常審慎地選擇員工：「紅帽有能力影響一個群體，讓他們把事情做好，在不控制對方為前提，影響那些富有創意的群體和自尊心極強的電腦高手，這是因為我們尊重生態系統。從組織上來看，這意味著我們對員工具備敏銳的觀察力。我們瞭解那些具有影響力的員工，進而讓他們為我們所用。」

　　紅帽公司的決策文化反映了一種有選擇性地放棄一部分控制權的意願。因為在塑造型企業中，以公平的方式對待內部、外部合作方和這種方式所帶來的結果同樣重要。因此，塑造型企業會把絕大部分精力放在創造一種鼓勵開放、透明對話的文化上。

　　「這是我們的合作方一直以來所期盼的：告訴我為什麼這麼做，告訴我現在做的到底是什麼，至少讓我在決策過程中說出自己的想法。從現在來看，說出想法並不意味著有決策權，並不意味著你對最終結果有發言權，但至少你能夠說出自己的想法，讓人們參與決策過程意味著這個過程會拖得很長。但決策一旦做出，執行起來會滴水不漏，因為所有人都參與進來了。他們知道你在做什麼，他們也知道你為什麼這麼做。」[33]

懷特赫斯特認為塑造型企業對領導的要求和經典型企業十分不同。他之前擔任營運長的達美航空，就是一個經典型企業。「紅帽有著完全不同的文化，」他告訴我們，「我進公司時常以為自己會擔任類似監護人的角色，但後來我發現，開放帶來更進一步的開放。我們公司在全球有八十個辦事處，擁有六千多名員工，所有人都遵循著一個由下而上的管理模式。」

懷特赫斯特並不認為執行長需要發號施令、進行控制。「紅帽的領導階層並不專注於對企業內部進行控制，」他說，「我們是業界的催化者。」這個外向型理念幫助他更好地理解自己所扮演的角色：「領導階層是『催化者』，而不是領導者。我並不透過發號施令來領導，因為我並不想在一個開源的產業裏這麼定位自己。我們不領導任何事，因為領導意味著控制，因此從某種意義上說，我是紅帽的『催化長』。我催化，是為了幫助確定方向，但我並不正式地領導。因此在『催化』（catalyze）這個關鍵字上，我們花費了大量的時間，（成為「催化長」意味著）富有責任心、諮詢而非控制，以及做出貢獻。」

你的行動是否符合塑造型策略？

如果你做出了以下行動，則說明你運用了塑造型策略：

✓ 選擇參與者並和對方互動

✓ 為了找到更好的方法而創造一個共用的願景

✓ 搭建協調合作的平臺

✓ 參與生態系統與合作平臺的進化過程

技巧和陷阱

就像我們所看到的，塑造型策略取得成功的關鍵在於：在恰當的時候用具有吸引力的願景吸引利益關係者；協調生態系統、促使出現對所有參與方都有利的結果；發展生態系統以適應外在環境的變化。

儘管「生態系統」一詞在商業領域日益普及，但是很明顯，塑造型策略是最不為人知的策略。確實，在受訪的企業中，哪怕那些龍頭企業也侃侃而談如何在有利的生態系統尋找創造並塑造有利的定位。因此，和那些老生常談、廣為人知的經典型策略和願景型策略相比，塑造型策略的運用極為罕見。該策略的採納和實踐程度也是最低的。我們同時觀察到塑造型策略的現實環境和可感環境、採納策略和實踐策略之間的差距很大。例如，如果企業認為自己所處的環境可塑且不可預測，它們更傾向於採用適應型策略而非塑造型策略。

表 5-1 列舉一些企業在選擇及應用塑造型策略時需要參考的技巧及需要提防的陷阱。

【表 5-1 決定塑造型策略成敗的技巧與陷阱】

六項技巧	五個陷阱
1. 有選擇性地使用策略： 只尋找那些處於發展早期，或有發展潛力的市場，這樣你的企業才能夠發揮協調作用。	**1. 時機不對：** 如果機會已經充分顯露或競爭對手的協調型企業早已領先，再採用塑造型策略就是在做無用功。
2. 理解你扮演的角色： 只有少量企業同時擁有運用塑造型策略的影響力和內部能力，但是許多其他企業能夠通過加入這個生態系統獲益。	**2. 價值外洩：** 不要讓價值從你的生態系統中漏掉。確保參與者退出的代價高昂或無法輕易將你幫助他們建立起來的內部能力或智慧財產權「出口」到生態系統之外。
3. 大方給予，同時留一手： 制定雙贏的規畫，將生態系統創造的價值「變現」；網路效應（network effect）和加強影響力增加平臺價值的因素網路化以加強這些因素影響。限制智慧財產權在生態系統外轉移的可能性。	**3. 過度控制：** 避免霸占或過分管理生態系統。縱向或橫向的干預都會降低生態系統的多樣性和活力。
4. 建立影響： 建立關係以利用其他參與者的力量。確立焦點、搭建平臺，並在此之上運用你的影響力。	**4. 允許協調型競爭對手進入平臺：** 過分控制的另一個極端就是失去對協調型競爭對手的控制，進而對你公司創造價值造成不利影響。
5. 有選擇性地控制： 謹慎選擇運用影響力的地方，控制互動和適應機制，而非控制運營活動或結果。	**5. 不惜一切代價追求效率：** 不顧生態系統長期健康發展而一味注重效率和專業化會損害塑造型策略。豐富和多樣性能夠讓生態系統茁壯成長。
6. 維持平臺的健康和吸引力： 鼓勵生態系統多樣化和活力，避免緊抓著收益不放或犧牲多樣性以換取效率。	

第六章　重塑型策略：求存

【案例】

美國運通（Amex）：重塑優勢

2008 年，當金融危機在全球爆發時，時為世界最大的信用卡發卡企業美國運通（Amex，American Express）陷入極大的困境，當時，美國運通的收費業務市值達 9,500 億美元。[1] 信用卡拖欠率直線上升、消費力直線下降、集資市場乾涸。在之前的經濟衰退中，美國運通的一些有錢的客戶仍在不斷消費，但這次卻是例外。[2]

面對如此困境，亟須企業做出強有力的回應。美國運通執行長肯尼斯・錢納特（Kenneth "Ken" Chenault）迅速採取措施。他大幅削減成本，透過重塑凝聚組織結構，並營造了一種緊迫感。

錢納特解釋說：「我們首先要做的就是削減成本。目前的情況迫使我們不能像危機發生前一樣做事，我們必須迅速應對，但同時又要深思熟慮，用短期和長遠的考慮指導行動。」

為了減少人力成本，錢納特解雇約 10% 的員工，並且暫時調降高階主管的薪水[3]，隨後降低行銷支出以及專業服務費，但保留了客戶服務預算。[4]最後，為了尋找新的資金來源，美國運通展開吸收存款業務。錢納特說：「在短短幾個月內，我們籌集了超過80億美元的資金。」

在公司組織建設方面，錢納特注重明確分工以及制定成功的、指標明晰的緊湊型規畫，他說：「個人當責（personal accountability）始終落實在整個組織。」在四面楚歌中，錢納特小心翼翼地讓自己投射出一種樂觀的心態，他說：「公司已經成立了一百六十多年，我們之前也遇到過各種危機，所以我們知道對公司長遠發展保持信心的重要性。我們的法寶，就是變通、可獲利的，以及憑藉有選擇地投資發展業務。」

錢納特迅速的行動幫助美國運通渡過了危機。到2009年底，美國運通的股價已經從三月份時的每股10美元恢復至每股40美元。[5]美國運通是當時為數不多的在危機中還能保持有股息並維持獲利的金融公司。五年後，該公司的股票上漲至每股90美元以上，這完全歸功於錢納特法寶的第二階段：為公司未來發展所制定的規畫。[6]我們提示錢納特，他曾在2009年對投資者說的一句話：

「在今年年初，經濟呈現整體下滑趨勢，持卡用戶消費加速下降，貸款損失率迅速上升。但在這個階段，我們面臨的短期困難並沒有妨礙我們對未來投資。」[7]他也承認確實有人質疑過這句話。「有人對我說：『肯（Ken），你怎麼敢在公司遭遇打擊且經濟局勢如此動盪的時候奢求成長？』」但他回答道：「我會向他們說明我的觀點，那就是不要浪費危機。不管外界局勢有多瘋狂，（美國運通）依然會有選擇性地為發展而投資。」

在此之前，錢納特也曾帶領美國運通渡過危機。他在「九一一事件」發生前幾個月，成為美國運通的掌舵人，他知道企業應該如何應對這種情況。他解釋說：「在公司疲軟期，營收壓力增強，但撤銷一切成長投資是目光短淺的做法。如果這麼做，很可能會使公司在經濟復甦時落後於其他競爭對手，並且從長遠角度看會讓你損失更多。」[8]

在其他競爭對手還在想著怎麼彌補損失的時候，錢納特已經在為公司未來發展搭建平臺了。他勾勒一個未來願景，在這個願景中，美國運通不只是一家信用卡公司，而且是一家提供更多服務的金融服務公司和一家由強大數字平臺支撐的貿易公司。此外，他還對技術創新進行投資。[9]錢納特為了提高收益還主動為客戶介紹更多的消費方式。例如，增加美國運通標誌性會員回報規畫中的商家數量。[10]他解釋道：「這就是即使我們削減了營運費用，卻仍然為主要的成長提案籌集資金的原因。」[11]

如果錢納特不能保證他的策略（生存與發展）能夠貫徹始終地實行，那麼美國運通就不可能成功。從文化層面來看，他鼓勵他的團隊不要「守株待兔」。首席董事鮑勃·華特（Robert D. "Bob" Walter）的一句話對錢納特啟發很大：「腳踏實地的同時，眼界要寬。」從生理學的角度來看，這是不可能的，但這是個很好的比喻，它強調了在做好日常工作的同時要有遠見。正是由於錢納特和他的團隊的不懈努力，美國運通對其未來發展有著精準的定位，也使得其公司股票與經濟衰退期相比成長了近九倍。

重塑型策略：核心理念

重塑型策略就像是美國運通所實行的策略，能夠讓公司在嚴苛的環境中營運時重塑活力與競爭力。這種惡劣的環境可能由企業策略和環境長期不匹配（mismatch）或遭受企業外部或內部的衝擊所導致。

當外部環境變差，致使公司目前的經營方式無法維持時，改變營運路線，將資源保存下來或者空出來，然後將其重新用於公司的發展上。這個做法不僅是公司生存的唯一出路，更能讓公司再一次興盛起來。企業需要儘快地注意到商業環境的惡化，並且能及時做出**因應**或**預期**。之後，企業需要**節約**開支，從而精確地找出影響其經濟活力甚至生存能力的直接障礙。為了做到這個點，企業一方面要將注意力放在業務上、削減開支、保留資金，同時釋放資源，為重塑的下一階段籌集資金。最後，企業需要在其他四個類型的策略中重新選擇一個，以保證其長期的發展力與競爭力，同時根據環境重新設定策略方向，並有策略地實施創新（**圖 6–1**）。

【圖 6–1 重塑型策略】

　　重塑型策略之所以與眾不同，一方面因為其具有暫時性，另一方面因為這種策略事實上是由二種策略組合而成，有各自的條理性。這樣的組合極具挑戰性，因為這二種策略的要求在某些程度上來看是截然相反的。在第六章中，我們將對這種策略組合的觀點做進一步說明。從藝術比喻的角度來說，重塑型策略就像是立體繪畫。立體主義繪畫與先前的藝術流派不同，其所描繪的物體是經過分析、解體、去蕪存菁之後的形態再重組，最終形成一個全新的視角。

什麼時候採取重塑型策略

當企業面臨嚴峻形勢時，應採取重塑型方法。導致這種形勢的原因可能是公司策略與其所面臨的環境長期不匹配（mismatch），也可能因為遭受外部或內部衝擊。導致這類不匹配現象發生的原因可能是企業選錯了策略，但更常見的是因為商業環境發生變化但企業策略沒有隨之改變導致長期業績不佳。許多電腦硬體公司發現，當它們成熟的技術被新興技術取代，加上商業價值開始從硬體轉向軟體、服務、使用者連結等，它們就陷入了困境。這些企業所運用的商業模式在過去很成功，但在變化的環境面前已然過時。

重塑型策略同樣適用於因外部環境導致商業環境突然惡化的情況。經濟或政治動盪或不穩定可能會束縛資金市場，你經營領域的客戶開銷與需求也可能突然下降。有時這類情況會同時發生，並帶來毀滅的結果，例如 2008 年爆發的金融危機，這場危機迫使美國運通實行重塑型策略，這是流動性（liquidity）與客戶需求同時降低的極端案例。

你可能已經知道的事

　　儘管有著不同說法，例如改革法、轉向法、精簡法等，重塑型策略本身仍是為人熟知的概念與事實。在 1980 年代，關於重組與改革的實踐正在日益成形並普及，部分原因在於有企業成功地從轉型中獲利。私人企業與私人銀行，積極推廣槓桿收購或其他類似的金融工程技術，像是營運資金保付以及可以幫助企業在嚴峻時期空出資金的新型債務結構。私募產業利用技術來支持改革的第一階段，透過削減成本、拆分多餘業務以及優化資金結構，將業務現金流量最大化。

　　大約在同時，企業掌握並整理了一些在重塑型策略「節約」（ecomomizing）階段能夠提高效率的技術。在 1980 年代，美國製造公司開發了**作業成本法**（activity-based costing）。這種管理方法將企業活動與利潤掛鉤，並且在不損害業績的前提下，有選擇性地精簡企業活動。在 1990 年代初期，麥可・韓默（Michael Hammer, 1948-2008）與詹姆斯・錢辟（James Champy）提出**企業流程再造**（reengineering the corporation）的概念（按：1993 年二人合著《企業再造》〔*Reengineering the Corporation: A Manifesto for Business Revolution*〕）。該概念建立在波士頓顧問公司時基競爭（time-based competition）概念之上：最終服務客戶這個主流程之外的活動能少則少。僅僅幾年之後，《財星》五百大企業（Fortune 500）中，超過 60% 都進行不同程度的**流程再造（reengineering）**。[12]

　　波士頓顧問公司隨後又提出**組織扁平化概念**（delayering）：企業組織層級愈多，代表企業愈複雜而且效率愈低；削減多餘層級，擴大控制範圍能夠提高企業的競爭力。[13]

最終，在 1990 年代中期，學者與從業者同時把愈來愈多的注
意力放在變化所帶來的積極影響上。約翰·科特（John Kotter）等
作家提出，如果不考慮人為因素，或是沒有培養全面的**變革管理**
（change management）能力，改革注定會失敗。[14]

最後，有些巨大的、關乎企業生存的挑戰近在咫尺，一些內部
劇烈變動的事件，像是供應鏈污染、重點生產基礎設施故障或者高
度信任危機。英國石油（BP）的鑽油設備「深水地平線」（Deep
Horizon，歸屬於越洋公司〔Transocean〕所有並由其運行，與英國
石油公司僅有合約關係）在墨西哥灣出現石油外洩之所以威脅到公司
的生存，不僅是因為這場事故本身及其在金融領域帶來的影響，更因
為該事件影響到了信貸以及利益關係者的關係。[15]

儘管你可能無法第一時間發現公司正在陷入一個艱難的境地，但
一旦造成的損害足夠大，你很容易就能明白你需要實行重塑型策略
了。當出現利潤與銷售量長期競爭力低下、自由現金流急速下降，或
者可用資金減少等情況時，那就表明公司的長期生存受到了威脅。
因此，實行重塑型策略的必要性也隨之上升。亞培（Abbott）、美
國銀行（Bank of America）、康菲石油（ConocoPhillips）、戴姆勒
（Daimler）、愛立信（Ericsson）、福特汽車（FMC，Ford Motor
Company）、葛蘭素史克（GSK，GlaxoSmithKline）等，這只是在
過去幾年中公開宣布改革的企業名單中的一小部分。為什麼愈來愈多
企業選擇改革？有二個主要原因：第一，變化速度加快；第二，隨著
經濟結構間的聯繫愈加緊密，金融危機波及的範圍變得愈來愈大。

如今，企業面臨更多更快的變化，其所實行的策略與不斷變化的
商業環境之間不匹配的可能性也隨之上升。我們的分析顯示，現在的

企業在其生命週期（按：BCG 矩陣）的不同階段，從問題（question mark）、明星（star）、金牛（cash dows）到瘦狗（dog），發展得愈來愈快。因此，整個生命週期也受到了壓縮：在 75% 的產業中，一家公司在其生命週期的每個階段中所花費的時間已減半（**圖 6-2 和圖 6-3**）。[16]

【圖 6-2 企業壽命縮短】

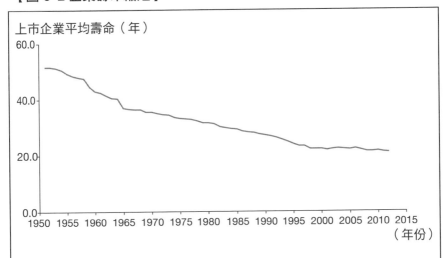

上市企業平均壽命（年）

資料來源： 波士頓顧問公司策略智庫分析報告（2014 年 9 月 24 日），Compustat 資料庫

註：跨產業分析基於來自 70 個產業的 34,000 家企業的資料（未加權平均值），不包括上市開始及終止時間未知的企業（即 1950 年已上市且有銷售記錄上報；及／或 2013 年仍處於上市狀態且有銷售記錄上報的企業）以及最高銷售額從未達 20 億美元的企業。

　　因此，企業領導者必須對變化保持警惕，以確保他們所實行的策略與環境不脫節。此外，經濟危機似乎正在加深，並逐漸從最初開始爆發的領域蔓延至其他產業，這是由於全球經濟相互聯繫愈來愈緊密了。之前的金融危機通常僅限於某個產業或某個地區。例如，1990

年代的南美債務危機基本只限於南美地區；1980 年代的美國石油大
跌價也主要只影響能源領域。

引發適應型策略需求的環境因素包括：經濟動盪、快速變化以及
其他本質上的變化。這些因素與引發企業實行重塑型策略的因素相
同。正如我們之前所討論過的，適應並不總是那麼簡單，如果企業錯
過了適應型策略的起步階段，那範圍更大、風險更高、成敗在這個舉
的改變（企業轉型）就變得十分必要了。

【圖 6-3 如今企業競爭地位變化速度是 1992 年的二倍】

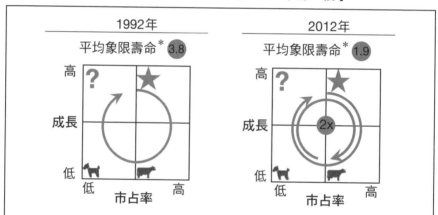

資料來源：Compustat 資料庫中 1980 至 2012 年上市公司的資料
註：不包括股票發行量下跌的產業。
*任意一家企業在 BCG 矩陣（BCG Growth-share Matrix）特定的市占成長象限中花費
  的平均時間。

【案例】
工作重心為何重要：博士倫（Bausch & Lomb）

　　眼部護理產品製造商博士倫（B&L，Bausch & Lomb）的案例，說明採用重塑型策略的時機和方法。2010 年，執行長布倫特‧桑德斯（Brent Saunders，按：現任愛力根〔Allergan〕總裁兼執行長）出任博士倫重塑規畫的負責人時，博士倫已經有很長一段時間跟不上競爭環境的變化。布倫特說：「其實這個切都是有跡可循的。三年換了三位執行長、三十年時間不見成長、從在自己所屬的產業保持領先到落於人後，以及其他錯綜複雜的事情。」[17]

　　首先，他需要說服其他人相信，公司必須實行重塑型策略。據他所說，為此他找了「一些毋庸置疑的事實，來說明我們需要做出一些改變。」這幾乎包括了公司所有的關鍵指標，像是員工的人均銷售額、過去三十年的成長率和創新，博士倫在業界排名墊底。桑德斯是這樣向他人闡述改變的：「最能說明問題的資料，可能就是員工是否樂意在博士倫工作，以及客戶調查中醫生是否願意推薦使用博士倫的產品，而我們這兩項資料的結果都很糟。」

　　在體認到博士倫和現實環境大大脫節後，桑德斯制定了一個「三步走」規畫，分別是穩定、發展、突破。該規畫將重點放在站穩腳跟、打小勝仗，以及透過目標產品研發來助力發展。桑德斯解釋道：「勝利是會蔓延傳染的，所以在像我們這樣很久沒贏的企業中，以小而快的勝利開局，會喚醒當年的致勝記憶而有助於重返榮耀。」

　　的確，過去二年，在「合理精簡」（right-sizing）組織、專注公司發展，以及難以置信地推出了三十四個新產品等措施的驅動下，博士倫的股價上升了約 2.5 倍；銷售額也以每年 9 個百分點的速度成長，折舊及攤銷前利潤（EBITDA，Earnings Before Interest, Taxes, Depreciation and Amortization）每年以 17% 的速度成長。[18] 2013 年，威朗製藥（Valeant）以 87 億美元的價格收購博士倫。[19]

你是否處在重塑型商業環境中？

如果符合以下條件，則表示貴公司正面臨著亟須重塑的商業環境：

✓ 你的產業或公司處於低成長或負成長狀態

✓ 你的產業或公司正在虧損

✓ 你的產業或公司正遭受內部衝擊

✓ 你的產業或公司正遭受外部衝擊

✓ 你公司的生存受到威脅

✓ 你的產業或公司獲取資金受限

重塑型策略的應用：制定策略

策略型重塑的重要性日益凸顯：這是一種高風險的賽局，有時甚至會影響到企業的生存。大多數主管們都對於披著「轉型」（transformation）或「變革」（turnaround）的外衣甚至是直言削減成本的策略十分熟悉。然而，要成功執行重塑型策略並沒有想像中容易：我們的分析顯示，75%的轉型規畫都沒能同時形成短期與長期的影響（圖 6-4）。[20]為了瞭解造成這種情況的原因，以及如何區分成功與不成功的重塑型策略，我們做了一個關於二十四個轉型方案長期績效的定量與定性對比。

【圖 6-4 極少公司在轉型中取得成功】

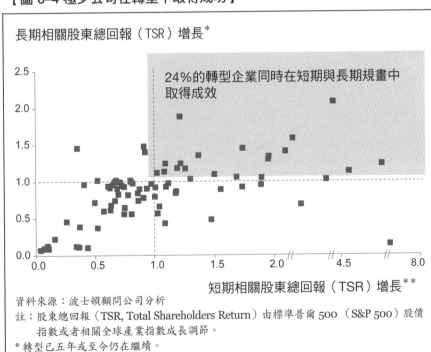

資料來源：波士頓顧問公司分析

註：股東總回報（TSR, Total Shareholders Return）由標準普爾 500（S&P 500）股價指數或者相關全球產業指數成長調節。

* 轉型已五年或至今仍在繼續。

** 轉型一年。

　　對比結果十分令人震驚。所有在我們考察範圍內的企業都實施了我們稱之為「第一階段」的節約政策。儘管這是基礎，但只憑節約是不夠的：毋庸置疑，光靠省錢無法成就輝煌。痛苦地削減成本以及其他防禦措施，是維持企業生存的常見方法，但儘管這些措施立竿見影，而且成效明顯，但它們無法取得長期的成功。單靠節約最多只能將股東總回報恢復至產業平均水準，但無法阻止該值在長期競爭中下降。對於成功的重塑型企業而言，轉型不會就此停止。

　　在我們研究的企業中，沒有一家企業可以在不採取軸轉（pivot）方式，就能在第二階段之前取得長期的成功，第二階段是以創新與發展為核心。我們將轉型失敗的大部分原因歸結為企業沒能跳出第一階段的成本削減而進入下一階段。因此，想要讓重塑型策略長期取得成功，企業必須同時實施第一階段的節約與第二階段的發展。換言之，企業必須將重心以軸轉方式移到其他四個策略上去。

　　重塑型策略初期需要對環境惡化的早期跡象做出迅速因應，此時企業應進入第一階段的節約：尋找時機節約成本、保留資金並制定嚴格的規畫以求獲利。之後企業可以準備進入第二階段，該階段實行以發展和策略創新為主的新策略（**圖6–5**）。[21]

【圖 6–5 轉型曲線】

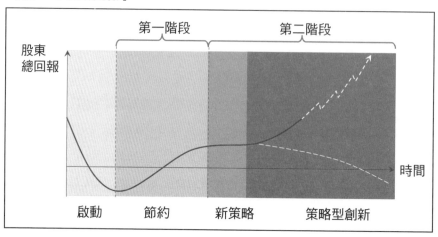

對觸發環境變化的因素做出迅速反應

　　快速識別企業正處於嚴峻環境的訊號並迅速做出反應，對於提高企業生存機率而言是最重要的一步。因為當一個人處於需要急救的狀態時，面對危及生命的情況所作出的第一反應通常預告結果。然而，企業通常對這種不利情況反應太過遲鈍。自負、落後的財務指標，或是缺乏即時的應急平臺，都會導致企業忽視正在逼近的危險。此外，一個成熟的商業模型可能耗費鉅資，而且即使內部已經陳舊，乍看起來還很健康。然而，一旦面臨財務困難，企業所面臨的挑戰已經比先前翻了幾番，而且不斷增多。

　　有些企業可以透過識別一些重要指標來預測環境的惡化，比如技術變革、出現黑馬競爭對手、有經驗的投資人改變投資方向與方式、顧客不滿、客源流失或成長率下降。

　　然而，這種能先發制人的重塑案例極為少見。[22] 所以，此處我們僅著重分析比較普遍的回應型的轉型案例。

第一階段：規畫節約

　　一旦企業發覺自身所處的環境惡化，就應著手展開重塑型策略的第一階段，並牢記二個目的：第一，企業必須恢復財務活力；第二，必須給予轉型活動財務支持。企業需秉持這個目的制定規畫，透過停止非核心活動、降低成本、保留資金等方式將資源集中在業務上。

【案例】

僅有好的初衷是不夠的：柯達

柯達（Eastman Kodak）的案例不僅詮釋了技術顛覆的速度與猛烈，還說明了正確決策對轉型過程的深遠影響。[23]即使是初衷最好的改革嘗試都有可能出錯。1975 年柯達占領美國底片市場 90% 的市占率和相機銷售總量的 85%，在當時幾乎沒有可以與之匹敵的對手。所以，2012 年柯達申請破產的消息令人扼腕不已。

儘管可以把柯達的案例簡單視為執行不力，但事實上，柯達為了適應底片消失、數位照片興起這個趨勢做了很多努力。柯達於 1975 年，研發全球第一台數位相機並為其申請專利；直到 1981 年，索尼（SONY），才推出第一台商用數位相機馬維卡（Mavica），但這款相機的品質太差且價格昂貴。在此同時，柯達在整個 1980 年代與 1990 年代都致力於投資新技術研發，例如，一定程度上將徵才和購併的重點由化學工程轉向了電子工程。底片產業在極短的時間裏（大約四年）行情急轉直下。1999 年是底片銷售的高峰，但是到 2003 年，柯達就公開宣布底片業界處於長期的衰退期。那麼，到底哪裏出了問題？

儘管柯達也努力實行轉型策略，但終究這一刀砍得不夠深。柯達轉型策略的第一階段主要以擴大生產為主，而在削減成本與裁員方面做得不到位，使得公司士氣低落，無法吸引人才刺激創新。同時，儘管柯達已經認識到向電子技術轉型是必然的趨勢，但柯達還是陷入「比例陷阱」

（proportionality trap）。也就是說，柯達既沒有分配足夠的資源發展、擴大這個策略，也沒能預料到技術的變化速度如此之快。由於陷入「堅守陷阱」（persistency trap），柯達扼殺了幾個沒能達到現有底片業務經濟指標基準的新方案。而在「遺產陷阱」（legacy trap）中，公司仍繼續將大部分資金投入核心業務，而且並不打算以自相殘殺的**競食**（cannibalization）方式終結底片銷售業務。

　　從某種程度上說，柯達所犯的錯是可以理解的。舉個例子，柯達在 1990 年代後期將大部分資金投在中國大陸的底片製造設備上，並預測中國大陸會成為底片底片攝影最後同時也是最大的市場。然而，中國大陸完全跳過底片攝影階段，一位公司內部成員透露：「我們也想把錢投入新技術的研發上，但因為那個時期技術更新尤為緩慢，所以讓我們產生了一種虛假的安全感。而在二十一世紀初，品質、成本、用途等問題一下子浮出水面，我們就手足無措了。」

　　2013 年初，柯達從破產中重生，但已雄風不再。

　　運用重塑型策略的企業，會尋找時機重新恢復自己的核心業務（本業）。它們透過重新審視想要維持的產業和業務部門、判斷產品與客戶群體是否對公司總獲利與現金增值做出貢獻來建構新的投資組合。據說瑞典汽車製造商富豪（Volvo）前執行長佩爾·吉倫海默（Pehr G. Gyllenhammar）在觀察了 1987 年股市崩盤後，認為至少在短期內「現金為王」。[24]

　　降低與剩餘資產有關的成本可以在短期內恢復獲利能力並消除績效差距。許多企業藉由削減人力和成本、流程再造、精實管理、六標準差或其他相關方法優化利潤、減少膨脹。潛在的節約方法潛藏在各個角落：可以透過合理調整供應商結構、降低中間費用、轉變地理資源組合、減少供應鏈損失與縮短交期等方法降低商品銷售成本。間接成本常常更容易節約，因為不會立即影響到客戶體驗：行銷預算、自主研發以及間接人力成本，都能在第一階段中進行節約。

除了合理化企業投資組合以及削減成本，企業還可以將其資產負債表上的資源空出來。例如，它們可以透過增加庫存、改變供應週期、消除呆帳等方式減少資產冗餘、調節負債結構或者優化工作資本來實現。再徹底一些，它們還可以對可用核心資產進行出售，情況好轉後再回租。

企業先要尋找時機，接著制定詳細的階段性規畫。第一階段策略的嚴謹管理使得企業能夠「全力求生」。企業將注意力放在較高的節約目標上，而這些目標又能細化為點狀的月度規畫或單個目標，反映出恢復財務活力短期目標所需的進展。

重塑型策略第一階段的指導原則應是在保證長期發展可能性的同時，將即時績效最大化。在保留和削減之間尋求平衡很難。在降低成本階段，應從未來發展前景出發決定賣什麼，不賣什麼。那些變賣極具潛力資產的「砸鍋賣鐵」型企業，也可能形成內部競爭。合理化是需要的，但有著高策略價值的資產只能放在最後拋售變現。一個好策略的目的是將削減和投資去平均化，在某些領域加大削減力道的同時，從長期發展角度出發對另一些領域重新投資。

儘管第一階段和第二階段有著先後次序，但二者也相輔相成。首先，企業在削減成本時，不能砍掉第二階段必須的項目；其次，第一階段是為了輔助第二階段，因此成本削減的目的必須能呈現出這個點；最後，儘管第一階段重點在於拯救公司，但領導階層仍應將目光放遠，透過預測和制定相應策略為第二階段的成功打下基礎。

第二階段：軸轉成長

第二階段的策略制定在於把以下二件事情做好：制定新的策略並且投資策略創新以支撐該策略；宣傳新策略。

為了定位第二階段的轉型方向，成功的企業會評估它們所處的商業環境以確定自身的長期願景。無論企業在第二階段實行哪一種策略，都應將原先以效率為核心的短期內部視角調整為注重發展的長期外部視角。為了軸轉（Pivot）到新策略，企業應該進行策略型創新，經常地對其商業模型進行基礎改革。企業所採取的合適策略以及伴隨而來的創新，都是企業對以後危機環境進行評估的結果。

本書之前的章節就已詳述過第二階段可以實行的各種策略類型，所以這裏我們就第二階段的特別之處進行簡單探討，也就是傳達新願景以克服不可避免的懷疑，並恢復企業士氣的必要性。考慮到危機期間企業著重於短期生存所面臨的壓力以及公司信譽受損的可能性，領導者應腳踏實地重新定位策略方向，並且將注意力放在公司內外的策略傳達上。這樣做不僅有利於透過傳達新思維吸引外來者（如金融利益關係者），而且有利於透過給予員工新的思維框架和願景來提高內部人員士氣。

【案例】

AIG 的策略部署

與美國運通一樣，美國國際集團（AIG，American International Group）作為全球大型保險公司之一，也受到了 2008 年全球金融海嘯的衝擊。[25]AIG 可以稱得上是處理企業生存危機的典範。那一年，AIG 創造了從美國聯準會（Fed）獲得 850 億美元緊急援助的紀錄；到 2009 年時，援助金額已增至 1,820 億美元。當時 AIG 這個品牌被視為毒藥，企業的長期財務活力也毫無保障。在 2009 年的夏天，美國聯邦政府雇用經驗豐富的保險業高階主管鮑勃‧本默切（Robert Herman "Bob" Benmosche，1944-2015），讓他著手進行大刀闊斧的策略重整。[26]

本默切帶領他的團隊依據主次先後，果斷採取措施以創造價值，保留、簡化核心保險業務，並最終償清了虧欠美國政府的債務。他們將 AIG 之前「降價拋售」式的營運方式轉變為周全且有條理的規畫，因此放棄一些業務，將精力投在另一些業務上，並且調整某些投資組合。

這些措施主要針對那些留下來獲利最大的產物保險、意外保險、終身保險、退休保險、抵押保險業務。AIG 董事長兼執行長彼得‧漢考克（Peter Hancock，按：2017 年 3 月卸任），在當時擔任 AIG 金融風險暨投資執行副董事長，他說：「當時所有東西都等待拋售，但企業必須確認哪些可以賣，哪些不能賣，所以我們決定把最核心的留下來。」AIG 著手解決公司剩餘資產的營運效率問題，漢考克說：「著眼於業務中已做大、已成熟的部分，並思考如何將其進行優化，這才是有利的。我們每天支付一億美元賠償金。因此，如果能夠做出優化，哪怕只有一點，回報也是十分豐厚的。」最終，本默切監督完成了對公司組織大規模的精簡工作。漢考克解釋說：「我們的簡化工作力度很大，力求降低組織結構複雜性、提高團隊決策力。」這種著重於簡化與償付能力的措施使得AIG完成第一階段後就清償了欠款，並且重回公共市場繼續發展。

到 2012 年底，AIG向政府償還了包括利息在內共227億美元，且保持其投資評級為A，還從私人銀行吸引了超過30 億美元的信貸，並將其投入股票市場。[27]但是，正如漢考克所言：「這並不是轉捩點，而只是個開始。」漢考克接著必須到新職位出任產物保險業務執行長，他由此將重點軸轉到公司的長期發展上，第二階段由此開始。

在新職位上，漢考克重新轉向經典型策略，利用**事業部的規模效益**（business unit's scale benefits）並將其管理結構全球化，以此創造綜效、避免發生內部競爭的競食效應。此外，他將注意力重新放到將公司定位於快速發展領域（比如新興市場）。他說：「重點是我們一方面透過給予全球AIG員工普遍的歸屬感，以及共用基礎設施的機會；另一方面開發有限的可以開拓策略型業務的國家，在那些國家裏我們願意從長遠出發投入大量資金，創造新的發展源頭。」

2011至2013 年，AIG的利潤成長了二倍有餘，這些利潤有很大一部分來自產險業務，僅在此期間，產險業務的營運收入就從11 億美元成長到將近50 億美元。[28]

惡劣環境中的策略模擬

　　在惡劣環境中，企業取勝靠的是保留資源，不在探索新事業或新機會上做白功。我們的模擬證實了這點：當環境惡化時，探索（exploration）的機會成本高昂，並會侵蝕生存所必須的有限資源。

　　我們引進了所有策略都允許使用的資源預算方式來建立該模型。

　　資源匱乏時，預算更加緊張或機會成本較高，那些過分注重探索的策略，會迅速耗盡資源並失去活力（**圖 6-6**）。

【圖 6-6 重塑型策略的勝出之道在於保留資源（模擬）】

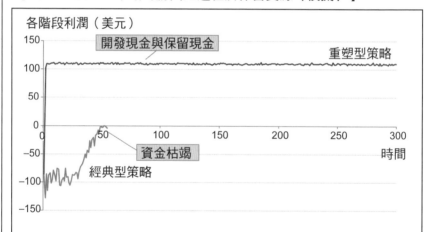

資料來源：波士頓顧問公司策略智庫 MAB 模擬機制

註：該結果是在非競爭環境下，針對 30 種投資方案模擬 30 次以上得出的平均值

重塑型策略的應用：實施策略

策略型重塑是一次高風險賽局，從最初的節約到最後的重新發展，它需要整個團隊全身心投入。正如亨利・福特（Henry Ford，1863-1947年）所言：

「失敗不過意味著得到了重新開始的機會，而且這次我們會變得更為明智。」[29] 在重塑二階段中，資訊管理（訊息傳達）、組織、文化、領導力都要和企業融為一體。而這正是極具挑戰之處：成功的重塑型策略要求企業能夠平衡著重恢復公司財務活力的短期規畫以及著重發展的長期規畫。

訊息傳達

成功的重塑型策略以集中、節約的方式執行規畫，隨後軸轉至新策略，實現長期繁榮。資訊管理以三種重要方式支撐以上目標：檢測預警訊號、報告節約規畫的進展、追蹤節約規畫帶來的發展。集中和節約的階段需要嚴格執行改善財務的方案。詳細的行動規畫應串聯到組織的各個層面，確保以負責任的態度反覆重申，追蹤規畫的進展，進而鞏固目標。轉型第二階段的資訊需求會隨著採用特定的策略而產生變化。

在第一階段，公司應使用一套分析和測量工具規畫並追蹤績效的改善。每一塊錢都至關重要，企業應基於活動成本，制定詳盡的分配制度，以明確區分哪些產品賺錢，哪些產品賠錢。企業隨之運用分析工具，像是標竿管理分析（bemchmarking analysis）和精簡層級分析（delayering analysis）發現潛在的能夠節約成本的地方。為了評估每個項目，成功的企業運用動態整合氣候模型（DICE，Dynamic Integrated Climate-Economy），結合經濟和氣候評估每一個方案獲得成功的可能性。該評估法基於持續性（duration）、完整性（integrity）、承諾（commitment）和投入（effort）等因素評估獲得成功可能性的高低，並標出需要干預的領域。[30]最後，一旦企業在重組規畫問題上達成共識，就會運用工具。這類工具從甘特圖（Gantt charts）這類簡單工具到更為複雜的專案管理軟體工具等，追蹤規畫進展。

我們已經見過一些經典型策略所運用的資訊管理工具。在這裏，和之前的情況類似，必須以一種富有洞察力、非機械化的方式運用工具，進而顯示有關當前狀態和改進方案是有進展的、新的，甚至令人不舒服的真相。用工具來促進對話，而不是替代對話，能避免整個流程流於形式。

【案例】

博士倫的資訊管理與訊息傳達

在博士倫（Bausch & Lomb），布倫特・桑德斯（Brent L. Saunders）使用公司的資訊管理能力，診斷出公司目前面臨的問題、組織再造、追蹤從穩定到成長的進度。他一制定好規畫就鉅細靡遺監控規畫的推展情況，他說：「一切都是可度量的，我們規畫了一切，以做到一切盡在掌握。事實上，我改變了從帳面利潤到現金流的指標，儘管前二者依然是重要的，但是我們對總收入格外重視，你不可能透過削減成本來達到我們現在所取得的利潤。」

針對未來，桑德斯發展了一個建立在收益成長，尤其是將產品推向市場之上的願景。他意識到研發是公司的弱項。所以，為了反映這個點，他告訴我們，「我把『研發』（R&D）改為『發研』（D&R）」，以確保人們透過捕捉重點的變化獲取正確的資訊。例如，他改變激勵方式，獎勵上市產品的數量，而非研究專案的數量。

創新

正如我們所看到的那樣，在重塑的第一步，創新並不是一個主要部分，但在第二步，卻是至關重要的。有鑑於此，重塑型企業需要平衡這二個對立步驟孰先孰後的問題：在第一階段減少可支配費用，但在第二階段進行策略創新，更新商業模式。

　　事實上，在第一階段，創新可能會不可避免地減少，以此保證公司的財務活力，但有二個例外：首先，如果狀況的改善能直接為重塑帶來資金，那企業就應該支持能改善短期與中期成本或利潤的創新。其次，在轉型的第二階段，如果創新能支撐必要的商業模式變化，那公司就應該鼓勵創新。重塑型企業需要將創新資金去平均化，以保證支出集中在這二個目標上。

　　在第二階段開始，一旦公司存續不再受到威脅，成功的重塑型公司會實施有限的策略創新以檢驗刺激成長的新方法。通常，因為第二階段可能涉及不確定性和探索，該階段類似於適應型策略：實施重複週期很短的低成本小博弈，用有限的現金支出取得快速答案。之後，企業可能在符合其從長遠出發所選擇的特定策略創新上進行大規模投資。

　　肯尼斯・錢納特（Kenneth Chenault）堅定地認為，美國運通應該繼續進行有針對性的策略投資創新，以便在短期內支持業務發展，並為長期發展做好準備。正如我們所見，即使在金融危機期間，美國運通公司依然開發了數位平臺、大力推進會員獎勵規畫，並和達美航空（Delta）、英國航空（British Airways）等公司建立品牌合作關係。

組織

　　首先，重塑型組織形式需有重點、嚴謹地展開第一階段工作。雖然第一階段是臨時的，但事關重大。第一階段工作需要大力地削減成本，內容可能包括重組整個公司的結構，以及常常要組建一個臨時的上層組織來制定並監控整個過程。另一方面，企業需要軸轉至成長型策略以成功地執行第二階段的任務。考慮到這二階段有重疊，重塑型企業必須考慮將第一階段中促成公司發展的因素分離出來，並確保發展因素得到很好的保護。

在第一階段，企業透過精簡以降低成本，並確保工作得到嚴格執行，通常會建構一個淩駕於企業之上的臨時專案管理階層，以制定和保持規畫走上正軌。企業領導者透過削減組織的非核心部分以「精簡」公司。在人員方面，精簡層級作為實踐證明有效的方式，能夠減少組織層級階序、增加領導控制權、降低成本、促進上下級溝通、加強責任感。在實際操作上，流程再造等工具能夠透過取消不直接為最終產品增加價值的步驟，降低流程的複雜性。通常，企業在重塑模式下會使用嚴格的等級制度以確保它們的節約規畫得到認真執行，哪怕最小的事業部都對此負有責任。

因為重塑型企業在一個類似臨時的狀態下營運，它們可能會加設一個專案管理辦公室（PMO）。這個專門確保紀律的臨時組織，可以從更客觀的立場推動企業做出艱難卻必要的決定，以免既得利益者阻礙進步。PMO可以制定並追蹤組織再造專案進度、定期撰寫標準化專案報告和指標完成進度，並向層峰彙報。除了規定紀律，PMO協助部門主管能夠把心思完全放在正在進行的業務上，也能將企業內部工作情況和潛在障礙透明化。[31]

至於第二階段，企業需要在不破壞發展前景的前提下大刀闊斧地裁減。在同一個團隊中，如果短期和長期的指標和獎勵不一致，則很難將結合，在團隊成員擔心自己工作是否有保障的時候尤其如此。因應這個挑戰有多種方法。例如，重塑型公司可以透過大範圍的屬行節

約，對組織進行「去平均化」，用企業結構重組的大方向指導以專案
為目標的創新。另外，公司可以嘗試直接實施第二階段的必要步驟，
即使它們仍處於第一階段。例如，美國運通有意在整個企業範圍內做
數位化轉型，而不是成立單獨的數位化部門，透過這種方法讓整個企
業能夠跟上未來的潮流。有時，把注意力同時放在第一階段和第二階
段上是不可能的，因為之前的組織形式和目標天差地別。在這些情況
下，企業可以成立單獨的組織單位，在培育並保護發展的同時，允許
全面重組現有的核心業務。（詳見第七章）

文化

　　企業在重塑階段需要在二種截然不同的文化重點之間不斷軸轉。
首先，企業必須從內部從上到下致力於展開工作，把重心放在執行
上。接著，企業必須將思維模式做一個全然不同甚至往往截然相反的
轉換：注重企業外部工作，並與第二階段要實施的策略保持一致。
不要以為企業文化的軸轉（pivot）輕而易舉，實際上很困難但非常
必要。英特爾（Intel）前執行長安迪‧葛洛夫（Andy Grove，1936-
2016）強調：「一家公司是一個活的有機體，它必須不斷脫殼蛻變。
方法必須改變，重點必須改變，價值必須改變，而這些變化加起來就
是企業的轉型。」[32]
　　首先處於危機的企業需要放低身段，支援執行嚴謹的、以行動為
中心的生存規畫，堅持一個公開獎勵和拒絕冒險的規畫。在可能的情
況下，企業應該非常透明，減少節約成本帶來的恐懼和爭執，幫助在
裁員中保住飯碗的員工遠離內疚或怨恨情緒。企業在第一階段常常會

無意中滋生悲觀文化，加上工作的不安全感或士氣低落，導致錯過目標或保持先前的落後業績。盡可能緩和這些擔憂，透過慶祝微小的成功以保持對於更大、更長遠前景的專注。

　　然後，企業領導者應適時促成文化上的改變，以軸轉至特定的策略。這種改變要求企業創建一個新的文化身分並以該身分建立信心，以便企業在經過一段焦慮期和對短期目標的關注之後，軸轉至更開放、更關注成長、更願意承擔風險的文化。和任何文化轉型一樣，企業的文化轉型任務艱鉅，需要企業領導者真正用一個新願景激勵員工取得長遠成功。此外，企業領導者必須大力推動培養下一階段策略所需的文化，如適應型策略所需的建設性異議（constructive dissent），或願景型策略所需的清晰、共同的目標。

【案例】

AIG的組織和文化

如前所述，在鮑勃‧本默切就任執行長之前，美國國際集團（AIG）最初僅關注透過削減成本、組織再造以解決財務限制。在本默切到任之後，AIG專注於創造價值。方法之一是關閉或拆分三十多家公司，這些公司的業務涉及五十多個國家。「我們不得不削減一些旁枝分叉，」AIG董事長兼執行長彼得‧漢考克（Peter Hancock，按：2017年卸任）說，「但這棵樹還在，樹幹依然粗壯。」公司領導階層透過精簡和集中化、改變組織結構（實際上，相當於從一個類似聯邦的組織形式變為一個聯盟）等方式，整合留下來的三個核心業務，包括財產保險、人壽和養老保險，以及抵押貸款擔保。

在產險方面，漢考克徹底改變了結構驅動的協同效應：「我不再讓公司的財產保險業務成為一個窩裏鬥的聯邦。我們有五個不同的子公司互相競爭，從而削弱了我們自由定價的能力。演變成重組了全球範圍內的產品規模。這些領導者有能力積極應對全球範圍內的威脅，能夠培養大量專門人才把事情做好。」為了第二階段的成功，美國國際集團重新定義了自己的企業認同感，拾回失去的信心。本默切創造了「一個AIG」（One AIG）企業識別概念，擺脫了獨立品牌Chartis。這是前任執行長給AIG產險業務臨時的命名，他相信AIG的品牌是放射性的，這在當時或許是正確的。[33] 正如漢考克所說：「我們放棄品牌Chartis和回歸『AIG』，我們也將次品牌更名為『AIG』，在『One AIG』的大傘下，創造一個在激勵和訊息共用方面更有凝聚力的公司。」AIG內部也致力於恢復信心，漢考克說：「可靠地持續經營必須是核心。但在五年內，我們為公司（幾萬名）員工換了五個執行長。抓住客戶、持續成長、提高公共權益的唯一方法是讓這些員工相信公司將生存下來並茁壯成長。本默切的人格在這裏展現了光輝，他跑遍了每一個城市，用真摯的眼神，向那裏的員工展現自己是誠懇地關心他們的。」

領導力

使用重塑型策略的企業領導者所面臨的關鍵挑戰，是有效管理重塑步驟，儘管這二個步驟的特點幾乎完全相反。這就需要企業領導雙元性創新，解決第一階段和第二階段顯而易見的矛盾之處，成功引導企業度過這二個重塑階段。因此，處於企業轉型階段的領導者需要接受一些既麻煩又矛盾的事實。重塑需要關注短期和長期；需要關注效率、創新以及成長；需要關注紀律和靈活的適應性；需要關注發展方向和下放權力的清晰度。

這意味著一開始企業領導者需要做出艱難的決定，關注細節和透明度，支持快速進入第一階段。領導者們關注業績分析和追蹤，哪怕許多人會為此擔心受怕。同時，他們保持一個更樂觀的態度，以更快的速度傳達指示，保持公司員工的士氣，並讓員工和利益關係者致力於為長期的重塑工作做貢獻。重塑型策略對於剛上任不久，企業就已經開始好轉的領導者而言比較容易一點；但是，對於那些在環境變得愈來愈惡劣時擔任企業領導者的人們而言，他們可能一開始就面對了恐懼、失望、沒有安全感等情況，他們必須克服這些感受才能成功領導公司。

重塑型企業的主管必須站在前線，為第二階段思考和設置一個廣闊的願景。當別人都在忙著救火、「拯救」公司時，他們需要描繪出想達到的最終狀態以及支撐新成長的基本創新。然後，一旦公司的生存得到了基本的保障，領導者們需要推動公司從第一階段軸轉至第二階段，把重點放在一個新的、外向的、注重發展的策略上。因為創傷後遺留的壓力，可能會造成組織惰性，所以一個有效的重塑型企業領導者可能需要很強的說服能力和溝通能力。企業領導者可以透過宣傳實施新策略取得的進展、用額外的資源或組織透明度，有選擇地支持關鍵的創新，透過堅持不懈地溝通和宣傳幫助公司實現轉型和過渡。從熟悉的短期節流狀態一下子跳到探索創新，可能會讓企業感到陌生，因此，身為企業層峰，必須在員工面前邁出自信的第一步。

【案例】

博士倫的領導者：布倫特・桑德斯

博士倫的領導者布倫特・桑德斯（Brent L. Saunders），說明他在凝聚人心和儘快應對苛刻環境這二件事中發揮的作用：「開始工作的第一天，我去了羅徹斯特（博士倫總部所在地），召開了一次所有員工參加的大會。我與主要高階主管做了一對一交流，然後我離開了。四個星期，我花了整整四個星期跟客戶，或者負責生產、銷售我們產品的人打交道，我那樣做，是為了深刻理解客戶如何看待我們公司。我用了同樣的方式對待全世界我們公司跨足的所有業務。」

「最重要的是，你必須採取一種從上到下的領導方式，把重點放在設置、溝通、追蹤規畫上。」桑德斯解釋道：「這個規畫很大程度上是我做的，規畫帶來了秩序。規畫中的一些東西變了，但規畫本身幾乎沒變。」此外，紀律和速度至關重要，同時還要關注細節。桑德斯說：「你必須做出艱難的抉擇，並且迅速行動。如果你不願意做出艱難抉擇提高營運效率、優化人員分配，那你可能就不適合這個職位。」

同時，你必須為長期願景做準備並調動員工和市場的熱情。「執行長負責制定策略，」桑德斯說道，在這個過程中，你需要傳達樂觀精神，「當你保持容光煥發的狀態時，你會得到很多能讓公司也煥然一新的好機會，人們會聽你把話說完，你正好利用人們緊張的心理，讓他們把你的話聽進去。」

你的行動是否符合重塑型策略？

如果你採取了以下行動，便可證明你正採用重塑型策略：

✓ 降低現金燃燒率

✓ 限制資本使用

✓ 專注行動

✓ 制定重塑規畫

✓ 透過附加的組織層面執行工作

✓ 之後藉由有選擇的創新和投資軸轉至新策略。

技巧和陷阱

正如我們在這個章所看到的，愈來愈多的企業面臨著重塑的挑戰，由於外部衝擊，或者因為它們沒能適應競爭基礎的變化。

我們同樣看到，雖然重塑或轉型規畫為人們所熟知，但風險很大且極少成功。

我們透過配對比較法，分析了重塑型策略成功和失敗的原因，發現當前風險值（按利益關係者回報的波動性計算）大約等同於公司自身的價值。

我們調查的物件中有四分之三企業的短期、長期回報沒有達到產業平均水準。成功的策略重塑的關鍵在於管理能力、調停能力，以及軸轉至看似截然相反的階段（一個注重消除限制，另一個注重成長）找到重心的能力。

表 6–1 呈現一些公司想要提高成功機率應遵循的技巧和應避免的陷阱。

【表 6–1 決定重塑型策略成敗的技巧與陷阱】

六項技巧	六個陷阱
1. **快刀斬亂麻：** 削減成本時，第一刀就要砍得深。多次削減會降低組織積極性，拉長公司獲利並恢復成長前的時間。	1. **早早地成功：** 經過第一階段，企業宣布提前慶祝勝利，直接跳過專注於創新和成長的第二階段。
2. **不要回頭：** 理智地決定超越第一階段對效率的優先考慮，創造一個專注於發展和創新的重塑願景。	2. **砸鍋賣鐵：** 企業無視未來，持續多次推行削減成本、提高效率的措施。
3. **設想未來：** 觀察（並交流）未來的樣子，設想在第二階段應該採用哪種策略。	3. **思想守舊：** 企業無法擺脫遺留的主要假設和實踐，即使這些習慣自我設限或不再適用。企業過於專注核心業務，從根本上破壞第二階段的工作。
4. **支持基礎創新：** 在業務模式的不同層面創新，軸轉至另一個策略上。只有當今業務模式架構下的新產品可能還不夠。	4. **比例失衡：** 企業只做有把握的事，像是一系列新的業務重心轉換，光靠這種膽識無法認清當前的艱鉅挑戰。
5. **激發希望：** 困境會不可避免地滋生悲觀或不安全感。給員工生動描繪長期願景，讓他們知道除了短期專注生存之外，還有別的東西可以期待。用迅速的成功鞏固這個信念。	5. **錯誤的肯定：** 企業相信第二階段能夠完全按規畫進行，過分注重一絲不苟地執行，而沒有意識到尋找一個新的增長策略存在很大的不確定性。
6. **鼓勵承諾與耐心：** 在面對不可避免的挫折和企業內部對尚未證實的策略轉移的抵觸時要挺住。通常情況下，重塑型策略的願景需要花多年時間不懈堅持才能達成。	6. **缺乏堅持：** 企業往往低估看到結果所需的時間（通常，這段惱人的等待會長達十年），太快放棄。

成功企業也需要改變

　　大多數公司後知後覺地採用重塑型策略，而不是預先反覆針對環境匹配它們的策略。我們的分析表明，在努力著手轉型之前，不到四分之一的公司在市場上占領先地位，其中近一半公司處於落後狀態。雖然企業先發制人實施轉型的難度極大，成功案例也很罕見，但這並不能否認這種轉型是必要且可能成功的。

　　事實上，一些公司不需要冒險就能搶先進行改變。我們對幾個容易被顛覆的產業（工業產品產業、非必需消費品產業、資訊科技產業、醫療保健產業、電信產業、金融服務產業等）進行了為期三十多年的研究。儘管面對挑戰，有幾個公司依然能夠在其他產業衰退的時候先發制人改進商業模式，獲得相對穩定、吸引人的長期回報。這些企業成功的祕訣是什麼？我們將先發制人的企業分為四類（圖6–7）。

【圖6–7 搶先式轉型】

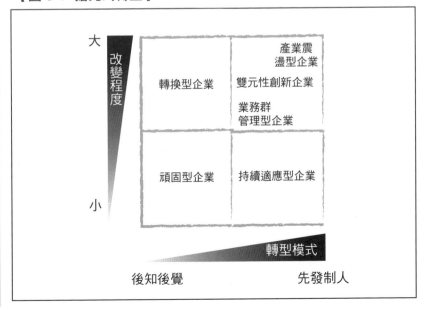

透過許多細微的變化，**持續適應型企業**（continuous adapters）不斷改進它們的業務和營運模式。例如：面對 1960 年代的嬰兒潮，以及日益增加的青少年和女性勞動人口，麥當勞（McDonald's）提供方便、便宜、豐富的菜單。在 1970 年代與 1980 年代，麥當勞利用全球化趨勢擴大其在國際上的影響力。現今，麥當勞還在繼續發展，它調整其產品組合以反映新的客戶偏好，創造新的餐廳形式，給具備當地市場本土知識的申請者特許經營權，加速適應市場。

雙元性創新企業（ambidextrous players）在利用現有資產和探索新的可能性之間保持平衡，即使在公司找到了一個成功的商業模型之後依然這麼做。例如：儘管電信產業出現重大轉變，高通（Qualcomm）依然蓬勃發展。該公司利用核心業務的回報發展未來業務，一直履行著它的使命，那就是持繼提供全球最創新的無線解決方案。其在行動服務標準CDMA（Code Division Multiple Access，碼分多址）的早期改革中，啟用了全球許可業務，高通公司將從中獲得的利潤重新投資，發展行動晶片組業務，後者也獲得了全球性的成功。今天，這二項業務繼續支撐著公司的內部研發，同時，透過高通創投（Qualcomm Ventures）（公司的風險投資業務部門）為外部合作夥伴提供資金。

業務群管理型企業（portfolio shifters）展開大量業務，並隨著時間不斷維持不同業務之間的平衡。例如3M有六大（按：分別是消費及辦公用品；光學及圖誌產品；電子電力暨通訊產品；醫療保健用品；工業及交通運輸產品；安全、防偽暨專業防護材料）事業群，超過三十五個事業單位。因應市場條件，銷售會隨著市場條件的變化產生自然的上下波動，下層業務線對業務群管理反應靈敏。3M公司的策略型收購和資產轉讓反映了需求的不斷演變。例如：1996 年，在數位成像技術崛起前，3M將旗下底片部門與公司拆分，並且順應未來發展進行購併，例如 2010 年收購自動指紋識別系統的製造商科進系統（Cogent Systems）。這個系列措施加上嚴格的財務管理，使得公司能夠長達五十五年每年都提高股息，並且連續十多年保持營業利潤率超過 20%；這是十分了不起的表現。

產業震盪型企業（industry shakers）著手顛覆並形塑改變，而不是成為改變的受害者。亞馬遜（Amazon.com）持續突破式的創新，哪怕創新只產生微薄的利潤。究竟這是為什麼？確切地說，是因為該公司不間斷地為未來投資。像是為雜貨店的冷凍倉庫投資、為市中心當天送達服務投資、為資料伺服器和分析器投資等。儘管該公司在銷售紙本書產業建立了領導地位，但它並沒有自我設限。2007 年，亞馬遜藉由推出電子閱讀器Kindle 顛覆了自己的紙本書業務；2010年，亞馬遜的電子書銷售量超過了紙本書。下一步又會是什麼呢？亞馬遜透過為新市場創造、制定業界標準的方式，利用長期趨勢還處於初始階段這個特點，發現並實現公司的最佳定位，以獲得不斷成功。投資者十分賞光。2014 年亞馬遜的本益比超過200，相對地，產業平均本益比只有 10 至20。

第七章　雙元性創新：變通

【案例】

百事集團：雙元性創新的藝術

　　提到百事集團（PepsiCo），首先想到的就是他們的指標產品的百事可樂（Pepsi），這款碳酸飲料在全球享有盛名。但實際上，百事是一家多角化經營的企業，其在食品飲料產業擁有 22 個市值超過 10 億美元，還有超過 40 個市值在 2.5 億美元到 10 億美元之間的品牌。樂事（Lay's）、Walkers、立頓（Lipton）、桂格燕麥（Quaker Oats）和 Mountain Dew，只是百事旗下幾個家喻戶曉的品牌。從地理分布角度來看，百事也頗具多樣性。現在，百事的業務遍及全球，在美國及加拿大的銷售額僅占總銷售額的 50%。[1]

　　由於規模巨大，百事需要同時實踐多種策略。最重要的是，百事既需要採用經典型策略（運用核心品牌的規模優勢獲利），同時也需要運用適應型策略（在快速發展且難以預測的市場、類別及產品中經營業務，適應變化的競爭條件，滿足客戶的不同口味）。

百事利用以規模及定位為基礎的經典型策略，在很多食品飲料產品類別中都是領導品牌：在鹹味零食、全穀類燕麥以及運動飲料類別排名第一；在碳酸飲料、果汁飲料類別中排名第二。此外，在很多國家，百事也是食品飲品市場的領先者，在美國、俄羅斯、印度等國尤其如此。在其他幾個國家，像是英國和墨西哥，百事在市場上排名第二。[2]對核心業務來說，從擴大大宗業務的市場預算，到與大客戶的談判能力，再到裝瓶的生產規模，價值鏈的每一步都能獲得巨大的規模經濟效益。

百事也需要更有適應力，必須因應客戶行為的變化，比如客戶更注重健康生活，這就需要對開發新產品及市場策略的不確定性進行管理；此外，可口可樂（Coca-Cola）是經典型競爭者；百事可樂公司還要面對自己不熟悉的非經典型競爭者。同時，百事也要應對新興市場快速變化的環境，從主要的成長來源中獲取利潤。因此，百事採用了快速而經濟的「提出、適應」的創新方法，即公司在將產品或服務投向全球之前，先在某一個國家進行實驗。比如，樂事「幫我們選口味」（Do Us A Flavor）的評選，採取眾包（crowd sourcing，按：也稱為群眾外包，意指企業透過網路上的志願者〔俗稱鄉民〕提供創意或解決問題）的方式確定洋芋片的新口味，以此抓住客戶的口味以及熱情，並提供 100 萬美元的獎勵。這個評比首先在英國展開，之後在澳洲進行，最後引入美國。[3]

透過將看似矛盾的要求相結合，百事成為實踐雙元性創新的典範。「不同的業務在不同的時期會經歷不同的策略階段，」百事執行長盧英德（Indra Krishnamurthy Nooyi）表示，「企業領導者必須針對公司核心的主要矛盾進行協商。」盧英德解釋：「百事（以及任何一家跨國公司）必須同時做到對公司的各項業務進行經營和重塑，這是非常難的。」

經營公司與重塑公司同時進行，這就是挑戰。盧英德說，要打破季度資料與顛覆現有業務模式之間的平衡，為未來做好準備。為了解決這種分歧，盧英德選擇了雙元性創新中我們稱為**分離／拆分**（separation）的模式。「對於每項業務，我們都有二套方案（同時進行），即日常思維方案和未來思維方案。『我如何自我突破？』」她繼續說：「經營核心業務的團隊應該繼續高效進行目前的工作，要關心每角每分錢裏成本有多少，彷彿自己的身家性命全繫於此。」另一個團隊不應該受到「當前模式的影響，而是（應該）將精力完全放在（將其）顛覆上」。

盧英德繼續說，「就說我們公司的非酒精飲料（soft drink，軟性飲料），我們要得到Mountain Dew和百事可樂能帶來的每一分利潤，但我們也在設計家用汽泡水機，而這種機器將會完全顛覆產業。」

當然，這個顛覆性的理念讓人深感不安。但盧英德堅信這個問題必須得到解決，「如果別人這麼做，那被顛覆的就是我們。」難點在於一系列矛盾必須同時解決，而不是按照前後次序解決，因為「我們之前認為顛覆需要很長時間，然而它現在就在發生」，這就意味著「我們必須在經營的同時著手變革」。

雙元性創新：核心理念

　　和百事一樣，多數大企業要在多種快速變化的業務環境中經營。此類環境不僅在地理位置方面和產品類別方面日趨多樣化，而且還出現了大量的新功能。這種多樣性要求公司進行雙元性創新，我們將雙元性創新的能力，定義為某段時間段或連續一段時間內運用多種策略方法的能力。雙元性創新不是策略調色板上的第六種顏色，而是將五種基本顏色相互融合的技巧。

　　再次拿藝術來比喻，畢卡索（Pablo Picasso，1881-1973）就是雙元性創新的縮影。畢卡索不僅是經典型技巧大師，而且在人生的不同階段經歷了多次重大改變：藍色時期（1901-1904）、玫瑰時期（1904-1906）、非洲時期（1907-1909）、分析立體主義時期（1909-1912）、綜合立體主義時期（1912-1919）。

┌─ **你可能知道的事** ─────────────────

　　企業需要結合不同甚至矛盾的策略，才能在長期競爭中永續經營且發展壯大的思想由來已久。

　　1990 年代初，企業就已加倍努力，打破效率與創新之間的平衡，因為不斷湧現的技術變革使得商業模型及產品過時的速度更快。將本業和新事業分離，是當時的主導策略。

　　幾乎同一時期，詹姆斯・馬奇（James March）等學者，開始研究組織如何掌握兼顧本業持續獲利的拓展（exploitation）與開發新事業的探索（exploration）之間的平衡。1990 年代末期，麥克・塔辛曼（Michael Tushman）和查爾斯・歐萊禮（Charles O'Reilly）概述如何建立既能拓展現有機會，又能探索新機會的雙元性組織（ambidextrous organization，按：ambidexterity 原意為左右手都能熟練地使用，引申為雙管齊下、兼容並蓄。對於企業而言，指的是兼顧本業獲利的拓展和新事業的探索）[4]。

　　二十一世紀初期，朱利安・柏金紹（Julian Birkinshaw，按：倫敦商學院〔London Business School〕策略與國際管理教授）就闡明，企業可以藉由引入**情境雙元性創新**（contextual ambidexterity）的概念因應這個挑戰。**情境雙元性創新**提倡個體員工不斷在探索與拓展之間自主選擇，避免落入拆分策略（seperation approach）的陷阱中。[5]

　　最近，波士頓顧問公司確定了做到**雙元性創新的四種策略**（four approaches to ambidexterity），再結合選擇框架，指明如何根據潛在的公司特徵，選擇最適宜的策略，達到雙元性創新的目標。[6]

└─────────────────────────────────

做到雙元性創新並非易事。只有少部分公司能同時在動盪和穩定的階段，保持自己在業界中的領先地位，這是衡量雙元性創新的一種標準。因為雙元性創新需要將看似矛盾的思維方式和行動方式相結合（圖 7-1）。然而，雙元性創新也相當重要。2006 到 2011 年，最具雙元性創新的公司在平均股東總回報（TSR，Total Shareholder Return）超過同產業水準 10%~15%。[7]之前幾章中，我們已經看到了雙元性創新對二類公司的重要性：如將經典型成熟的業務與較新且更具適應型的業務相結合的挪威電信公司 Telenor 等；如隨著時間轉換策略的美國運通和昆泰等公司。

【圖 7-1 少數幾家公司成功做到了雙元性創新】

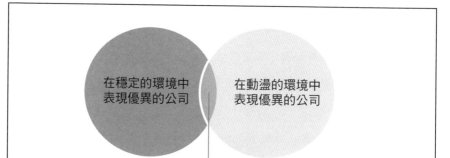

資料來源：Compustat 資料庫、波士頓顧問公司分析
註：美國上市公司分析，1960-2011 年；優異表現的判斷基於市值成長，相對於產業平均成長計算。
* 在動盪或穩定時期的表現位於前 25%；所有被觀察的季度有 30% 可確定為動盪的環境。

有一種業已證明的策略為很多管理者熟知，他們會採用這個策略應對挑戰，即分離（拆分）不同的業務項目，但我們仍找到了四種達到雙元性創新這個目的的可能且明確的策略。這些策略的使用以公司

所處業務環境的多樣性程度（你面對多少不同環境）以及動態性（你
做出改變的頻率）為基礎（**圖 7-2**）。

- **分離（拆分）**（seperation）：與百事公司一樣，很多公司都
  會謹慎地選擇每個次級單位（sub-units，意指部門、地域或
  功能）適合的策略，並以相互獨立的方式運用這些策略。

- **轉換**（switching）：公司管理大量共有資源，而使用資源的
  策略隨著時間變化，或者在某段時間段恰當相容。

- **自我組織**（self-organization）：公司事業部進行自我組
  織，且事情過於複雜，難以透過從上到下的方式管理這些選
  擇時，每個事業部自行選擇最佳策略。

- **外部生態系統**（external ecosystem）：公司透過參與者的生
  態系統，以外部方式獲得不同策略，且參與者會自行選擇最
  恰當的策略。[8]

【**圖 7-2 實現雙元性創新的四種策略，作為環境多樣性及動態性的運用**】

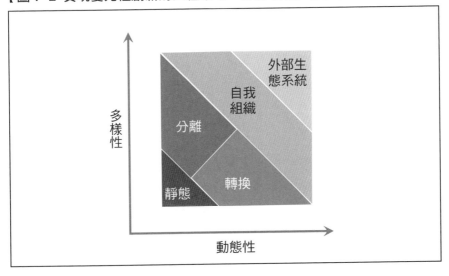

實現雙元性創新的四種策略：哪種會助你揚帆起航？

那麼，實際生活中，公司如何確定環境的多樣性和動態性？我們將分析幾大公司，例如韜睿惠悅（Towers Watson）（按：於2016年與韋萊集團〔Willis Group〕合併為韋萊韜悅〔Willis Towers Watson〕）、康寧（Corning）、海爾（Haier）和蘋果公司（Apple），如何調和策略調色板上的多種色彩，在多樣的環境下達到平衡並獲得成功。

分離

在最簡單明瞭的環境中，公司環境的多樣性和動態性都很低。公司不需要使用雙元性創新的策略，使用單一策略足以應對。環境變得更為多樣時，第一種做到雙元性創新的策略就是分離（拆分）。公司以從上到下的方式選擇何種策略適合某個次級單位（sub-units，意指部門、地域或功能），並獨立使用這些策略。

分離是歷史上最常用的策略，美國航太公司洛克希德·馬丁（Lockheed Martin）於1943年就使用了這個技巧。當時，公司的任務是研製更為先進的戰鬥機，同時也要大規模生產已經成熟的轟炸機。洛克希德創造了二個完全拆分的事業部，創立之後為人所知的臭鼬工廠（Skunk Works），每個事業部都有獨立的地理位置、資源與文化。[9]最近，像是IBM和豐田汽車（Toyota Motor）也成功地運用了相似的策略。[10]

　　分離（拆分）是做到雙元性最簡單也最普遍的策略，適用於稍微具有多樣性但在一段時間內相對穩定的環境。儘管分離涉及結構性拆分事業部，部署不同的策略，這個方法仍與僅僅開創單獨的事業部所使用的策略方法不同。每個事業部需要自己的資源、節奏、激勵政策和文化，從根本上支撐各自的策略。

【案例】

本業與新事業的收入來源：韜睿惠悅的分離策略

　　韜睿惠悅是全球最大的專業顧問諮詢、風險管理與提供解決方案的公司之一，它面臨著一個棘手的挑戰：確保主要收入來源，傳統定義的退休金福利業務繼續創造營收，同時尋找新的收入來源。[11]

　　該公司執行長何立傑（John Haley）稱：「我們已經見到了人們預言已久的經典型退休金福利規畫市場的終結，但由於該業務所占比例巨大，它仍是未來十年中，我們所經營業務的關鍵事業，但我們卻不能依靠它獲得未來的成長。」對於這個挑戰的第一部分，韜睿惠悅身為福利諮詢（benefits consulting，按：為企業客戶提供適合的員工獎酬整體規畫）市場領導者，借助了根本意義上的經典型策略。[12]對於挑戰的第二部分，公司則開始採用更為適應性的策略。如同百事，韜睿惠悅也採用了雙元性創新的分離模式。何立傑解釋道：「我們必須處理好核心業務，以便投資創新。我們不想看到一萬四千人停下工作，將百分之二十的時間花費在修修補補上。」

　　何立傑從三大支柱的角度闡述了自己公司的策略：第一大支柱的重點是經營核心業務，並促進其成長；第二支柱用意在於透過企業購併（M&A）促進成長；第三大支柱的重點是將開拓創新作為核心能力，充分運用，使之成為增長引擎。[13]何立傑解釋：「第三大支柱的存在是我們公司前所未有的。人們總是毫無章法地修修補補，但我們的創新則會促進成長。」何立傑意識到，若想促進成長，公司必須「稍微涉險，與未知打賭」。作為「高瞻遠矚，促進成長」的一部分，韜睿惠悅會嘗試一些「甚至沒有資料讓我們瞭解這是否是個好主意」的想法。也就是說，公司必須嘗試，依靠適應型策略，而非規畫。

韜睿惠悅慎重地採用了分離策略，防止業務的探索性、適應性方面干擾現有業務的效率，反之亦然。何立傑說：「組織的大部分應該關注的是保證列車準時運行。」之所以說分離策略難以實施，另一個原因是，要弭平二種策略的文化鴻溝並非易事。何立傑說：「要轉換到勇於冒險的心態並不容易。」

分離策略包括將全新的適應型**創新引擎**（innovation engine）作為其支持基礎設施，以及分配資源的能力。舉例來說，何立傑成立了特殊投資委員會，審查每個提交上來的創新專案（即公司策略的第三大支柱）。「我們要確保業務項目繼續進行的資金可以到位：如果我們不投資，你就不能進行這個專案。」此外，他還組織了「高階主管學徒」（Chairman's Fellows）團隊。這些優秀的員工可以自由支配25〜75%的時間，研究創造型的解決方案，透過創新，促進公司商業前景的繁榮。2014 年，高階主管學徒的重點，是探索健康保險轉換的潛在模型。

韜睿惠悅採取三大支柱策略已有三年，發展的訊號令人振奮。何立傑說：「我們已經有了一些想法，剛剛嶄露頭角，還有一些產品我們已經準備好推出市場，有些甚至在幾年內就能創造高達幾億（美元）的（價值）。」

　　分離是做到雙元性創新最常用的策略，部分原因是其最為簡單易行。但在很多情況下，分離策略並非隨時都有效，因為公司結構多為暫時性的，而環境並非如此。此外，分離還會帶來一些障礙，阻礙資訊及資源在各個事業部內的流動，可能會妨礙單元事業部協調、合作或相互學習的能力，也可能會影響各個單元事業部在需要時改換重點或風格的能力。這就引導我們在恰當的時機選擇恰當的策略，例如轉換等。

轉換

　　動態環境下，即公司所面臨的快速變化環境有限時，就需要使用轉換策略。環境或相互作用太複雜或動態性太強，難以分離不同的策略，而分離策略中人為設置的界限將降低組織的效率。轉換過程中，環境有所變化時，公司也隨著變化將資源提供給不同的策略，或在一段時間內轉換策略。這與新公司自然發展的節奏相似。

　　需要轉換策略的市場正是變化率高或產品周轉快的市場，比如時尚產業或技術產業。轉換通常用於公司生命週期的初始階段，即快速發展階段。例如，新興公司在突破性產品成熟後，就傾向於使用轉換策略。最初，新興公司使用探索風格，尋找突破性產品、服務或技術。接著，隨著時間的推移，新興公司就會過渡到更具探索風格的策略，擴大規模，保證可獲利的市場地位。

　　昆泰（Quintiles）是使用上述方式從一種策略轉換到另一種策略

的例子；如前所述，共同創辦人丹尼斯・吉林斯（Dennis Gillings）採用了標準的願景型策略。但公司逐漸成為全球最大的醫療研究組織時，現任執行長湯姆・派克（Thomas H. "Tom" Pike，按：2016年卸任）則轉換為更為經典型的策略。

如吉林斯所說，現在的經典型策略是真正意義上的「願景型策略的系統化」。此外，前幾章也提到，派克強調「單腳踩未來」（one foot in the future），愈來愈需要更具適應型的策略，或者根據衛生保健產業日益增長的壓力改變重點。

無論處在不同策略的過渡期，還是一個事業部內多種策略共存的環境下，多種策略可以說明公司達到轉換的目標。首先，由於障礙阻擋了轉換所需的流動性，所以領導者必須減少障礙，使資源和資訊自由流動。打破資訊孤島可以說明不同事業部分享資源，避免衝突。相同地，公司創造的激勵政策可以推動彈性及協作。例如，既要讚揚效率，也要褒獎創新，不能只關注其一。

轉換更難實現，因為這種策略既需要靈活性，又需要有效監督：領導者決定改變風格時，不同事業部之間可能爆發爭搶資源的衝突，員工可能會拒絕使用不熟悉的策略，而且組織可能無法迅速完成過渡。這些文化衝突很可能發生，讓人挫折，領導者們可以透過提供靈活的核心職能解決矛盾，例如資訊科技部門和人力資源部門，可以隨時因應員工不同的需求，幫助減少過渡時期的複雜性。也就是說，（支援功能的）部分拆分，可以意外地促進其他事業單位的轉換。

【案例】

康寧（Corning）：成功的重心轉換

康寧總部位於美國，是玻璃製品、陶瓷製品及其他相關產品的生產廠商。該公司在轉換方面獲得持續成功，尤其是在經典型、適應型或願景型策略中做出選擇時。也許康寧公司最重要的過渡發生在 2000 年代中期。2006 年，該公司核心營收來源之一的液晶顯示幕玻璃營收大幅下滑。[14] 為了因應這個局面，康寧開發了另一個利潤成長引擎。如同執行長魏文德（Wendell Weeks）在 2014 年所言：「我們遇到不可避免的挑戰時，就以創新突破難關。」[15]

康寧的科學家們努力工作，開發 Chemcor 這種早在 1960 年代初期，由先驅科學家研發出來的「肌肉型」（muscled）玻璃。[16] 經過進一步精製，康寧推出了新型超強化防刮玻璃，也就是大猩猩玻璃（Gorilla Glass），首次量產是用於 iPhone，該種材料立刻獲得了成功。[17] 但是當時，正如之前詳細闡述的，康寧必須創新模式轉換至執行模式，必須生產可獲利最多的玻璃，滿足智慧手機的巨大使用需求。康寧能夠快速轉換是因為其靈活的組織結構、較少的限制以及一連串共同的激勵措施，保證每一位員工朝同一方向努力。例如，康寧將研發部門與業務部門緊密聯繫在一起，經常將二個部門的員工召集在一起，組成專案任務小組，解決創新及市場行銷方面的新挑戰。2010 年開始，康寧生產的大猩猩玻璃已出現在二十七億部設備上。[18] 目前康寧正處於新的創新循環中，開發完全不同的新型可撓式玻璃，即

Corning Willow，專為未來超薄顯示螢幕和智慧設備設計。
19

自我組織

　　多變且多樣的環境可能無法等待公司進行轉換。公司需要同時採用多種風格時，而且這些風格會隨時間變化時，就需要自我組織這個策略。因為轉換或分離的過程是從上到下進行的，非常複雜且可行性低。這種情況下，個人或小型團隊就可以主動選擇某一時間段內所採用的風格。

　　公司可以將組織結構打散成各個小部門，為每個部門建立單獨的績效合約（performance contracts），獲得自我組織的能力。每個部門的成員根據建立的某些互動規則自行協商，並採用自己認為能實現績效最大化的方法，無論是經典型、願景型、適應型，還是塑造型。換言之，每個部門獨立決定所採取的策略，應對挑戰本質，扮演自身角色。實際上，公司選擇策略的依據是以市場為基礎的模型，而不是管理模式，這就需要設定高級別、長時間的衡量標準及激勵措施，清晰闡明「參與規則」。公司需要確定各個部門自我組織的等級，同時也應設定互動規則（例如，公司部門之間的轉讓定價〔transfer pricing〕），為各個部門能夠建立自我組織提供大量資源並處理衝突。自我組織對公司而言，是非常具有挑戰性的「請求」，也有明顯的缺點。單純複製很可能給公司帶來巨大的成本消耗，因為無法大量推行，而且互動和保持業績的方式只能因地制宜。也就是說，管理階層必須信任自己的員工，選擇正確的策略。因為協調的成本很高，只有在環境為高度動態且多樣時，才是實行自我組織策略的好時機。

【案例】

機動空間：海爾（Haier）的自我組織

　　海爾（Haier）是全球最大的大型家電（冰箱、洗衣機等）生產商，也是使用自我組織策略實現雙元性創新的先驅者。[20] 採取這個模式的背景是，公司頗具感召力的董事長兼執行長張瑞敏，當時正面臨著一系列不同的挑戰。海爾的產品涉及範圍很廣，2002 年，其 1 萬 3000 件產品有八十五個不同類別。[21] 海爾處於快速變化的市場，要與國內外的競爭者進行激烈競爭，每個類別的產品都需要採用正確的策略，快速創新，且同時做到分工，並獲取經驗，提高品質，保持領先地位。

　　1984 年，海爾處於破產邊緣時，張瑞敏成了公司的領導者。他的出發點是找到一種方法，管理這家多樣性如此明顯的公司。中國哲學家老子是他的指引者，老子曾說：「太上，不知有之。」[22] 張瑞敏認為，這句話說明了「不會讓部屬察覺到自己存在的領導者，才是最明智的人」。[23]

　　於是，張瑞敏希望創造一種組織，該組織內的各個事業部都有自主決定的空間。「企業能自我營運時，會變得強大，」張瑞敏說，「賦權員工自己做主，因為他們知道怎麼做，才能滿足市場和客戶的需要。」[24] 這個全球企業落實組織扁平化，發展出 2,000 個自我管理部門。每個部門都像盈虧自負的自治公司一樣運行，有各自的損益表、經營模式、創新專案和動力。為了支持這種安排，張瑞敏設定了駕馭績效的高標，以及單一部門參與管控互動的規則，包括轉讓價格及各部門之間延期交貨的補償。

2002 至 2013 年，海爾的營業額從 90 億美元成長到超過 300 億美元。[25]

克服雙元性創新挑戰：自我調整規則和自我進化組織

乍看之下，雙元性創新是一種悖論（paradox），要求公司將看上去相互矛盾的規則，在不會模糊自己意圖的情況下，結合在一起。這是探索與拓展之間的平衡。

但是，雙元性創新是否真的會打破這個矛盾？在策略及環境模擬中，我們發現這種方法不僅在特定環境中表現良好，而且會自動找到探索與拓展之間的最佳平衡，也比其他只注重在混合或變化環境中只重視其中之一的簡單方法表現要好。此外，這個方法可以在變化的環境中自動適應或進行自我調整（**圖 7–3**）。換句話說，除了代表策略調色板上基本色彩的策略方法，我們發現了多樣且可以自我調整的方法，透過恰當混合及再次混合基本色彩，打破探索及拓展之間明顯的平衡。

我們認為組織可以複製自我調整演算法中的基本特徵及功能，透過利用如下方式，經常自我核準執行中的策略：

　✓ 確定相當廣泛的探索空間；

　✓ 透過衡量所有可用資訊，對照類推各個選擇的預期效果。

　✓ 快速經濟地測試有前景的選擇；

　✓ 獲得新資訊時，快速更新各個選擇的評估，透過增加、停止或再利用投資，重新分配資源；

✓ 在恰當分析的幫助下，快速重複上述步驟，以此克服資訊的
複雜性和制定明確管理決策的速度限制；

✓ 衡量結果，優化方法，因應變化的環境。

【圖 7-3 雙元性創新的策略非常適用於變化的環境（模擬）】

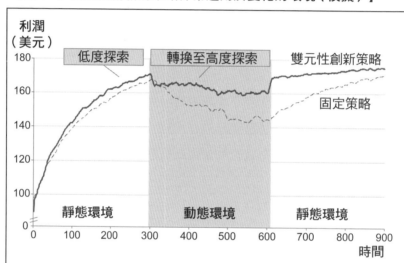

資料來源：波士頓顧問公司 MAB 模擬機制
註：固定策略有固定探索率，雙元性創新策略有自我調整的探索率。

彷彿不是意外，圍繞這種方法經營事業的公司，如網飛、亞馬
遜和 Google，似乎都經營良好。儘管是非正式的，但這些公司都在
自己的組織內應用了相同的原則和策略。這些公司可以成為我們稱
之為**可發展的組織**（evolvable organizations），在整個組織內落實
自我調整（self-tuning）的雙元性創新。我們預測，可發展組織及可
發展策略的出現，對所有企業來說都將益發重要，正如類似技術也
益發為人理解，且愈來愈有規則可循。

生態系統

在最為複雜且動態的情況下，公司無法在其內部創造或管理配套策略時，可能需要借助多樣的外部生態系統。由於其高成本和高風險，這個策略只適用於最為複雜的情況，那就是公司需要付出代價，建立生態系統維持平臺，而且由於其相對於其他公司的獨立性，公司還會面臨對自己業務模型失控的潛在風險。從本質上來說，充滿活力的生態系統，是自我組織策略的外部化版本。在很多方面，獲得成功的要求和權衡之策與塑造型策略相似。

正如塑造的過程，建立生態系統時，公司要確定自己擁有的能力以及需要從外部獲得的能力。公司需要確認自己要與外部成員創造雙贏的關係，生態系統中的激勵措施及過程應該結構完整，長期保證生態系統的活力及多樣性。從內部角度看，文化的重點應該是建立關係以實踐多樣性（diversity）和外部導向（external orientation）。

【案例】

複雜網路的協奏曲：蘋果（Apple）的生態系統

我們已經知道蘋果如何塑造應用程式開發者的生態系統，以滿足自身設備對使用者有價值的必要範圍及

多樣性。同樣的邏輯也適用於蘋果生產設備所需的一系列零件。沒有生產的生態系統，蘋果公司絕不可能在 2007 年開發出 iPhone。從客戶角度看，優雅極簡是蘋果公司指標產品的成功之處：易於操作的介面，時尚的設計以及快速有效的作業系統。然而，這個看似出自蘋果所創造的產品，依靠的是不同公司組成的複雜網路（網絡），而這個網路正是由蘋果公司組織協調的。

為了開發 iPhone，蘋果公司需要實施幾種不同的策略：願景型策略用於開發整體概念和新型晶片技術；適應型策略用於調整軟體和硬體零件，適應變化的客戶需要求和技術可能；而經典型策略則用於獲得組裝規模和效率。此外，要求也會隨著產品換代及產品本身變化。蘋果無法實際做到內部調和所有必須具備的多樣性和動態性，畢竟，蘋果之前從未開發或出售過一部手機，更不用說智慧型手機了。

因此，蘋果巧妙地創造了一種公司生態系統，而非自己擁有 iPhone 的供應鏈。富士康（Foxconn）組裝零件、康寧（Corning）製造玻璃螢幕（如同第六章提到的）、博通（Broadcom）生產無線網路晶片、英飛凌（Infineon Technologies）製作基頻處理器（baseband processor）、

安謀（ARM，按：2016年由軟體銀行〔Softbank〕收購）則負責設計「iPhone的大腦」，也就是行動處理器（mobile processor）；這只是iPhone生態系統的幾個關鍵參與者。[26]

策略應用的二個層面

乍看之下，做到雙元性創新的不同策略圍繞著組織、激勵措施及資源配置有不同要求，似乎令人迷惑。之前章節中討論的每種策略對組織、資源及衡量標準也有一系列明確的要求。

那麼，雙元性創新的要求會替代上述各項嗎？答案是否定的。實際上，比起策略，實踐雙元性創新（ambidexterity）的要求更會影響企業層峰。舉例來說：**經典型**（classical）與**適應型**（adaptive）策略分別負責控制實驗的規模和經濟性。為了在**分離**（separation）策略中以雙元（ambidextrouly）結合前述二者，公司需要成立單獨的單位，獨立控制規模或實驗。因此，雙元性創新並未提供基本策略色彩的細節，而是說明了如何在保持整體性的同時，結合基礎色彩。

超越雙元性？策略調色板的濃淡

之前幾章，我們解釋了五種原始策略，每種都有在不同環境中獨特的思考及行動方式。本章已經闡述了如何將之混合，同時或相繼使用多種策略，應對大型公司實際面臨的廣闊環境。

儘管到目前為止，我們只是強調了可能性或不可能性、可塑性或不可塑性，以及吸引力或駕馭能力色譜上的左右兩端。但實際上，公司策略必須持續連接中間點和變化點。因此，儘管策略的基本色彩與組合，都是公司的基礎構件，不過實際上，公司也要運用策略調色板上的濃淡（tints）。

換句話說，每種策略都需要校準。舉例來說，適應型及經典型公司存在於策略時速表的二端。但實際上，即使是最具適應性的公司也不會實驗所有理論上的可能，無論是數量還是速度；而經典型公司仍有一些實驗性的部分。相反地，實驗的節奏及程度由環境變化的循環時間、競爭者的適應性及實驗成本決定。適應型策略也是如此。儘管經典型公司很少開創全新的市場，它們可能還是會嘗試透過運用品牌化、建立類別及推廣新的應用環境等方式改變需求。

將之放在更為廣闊的範圍內考慮，每種標準策略的差別和絕對性就會變弱。更確切地說，這提供了一種語言和邏輯，用於遇到特別策略挑戰時的決策，使領導者們能夠提出正確的問題，根據環境及公司對整體性的適應，發展一連串正確的能力。對這種思維方式的精通，能夠促進並協調不同環境下的不同思維方式，說明領導者識別可能需要進行策略調整的訊號。

說到底，領導者才是公司一連串策略的調色師，這是我們將在第八章討論的主題。

第八章　領導者的功課：成為繪圖師

【案例】

輝瑞（Pfizer）：迎接複雜性

　　從各個方面看，輝瑞都是一家規模巨大且複雜的公司：其員工人數多達7萬8000人，年營收超過500億美元，是世界上最大的研究型製藥公司。晏瑞德（Ian Read）於2010年成為執行長時，輝瑞正面臨著重大挑戰：與惠氏（Wyeth）整合的收尾；世界上最暢銷的降血脂藥品立普妥（Lipitor）的專利即將過期；研發生產力的下降；二十一世紀初期市值達到歷史新高後出現暴跌。[1]

　　在晏瑞德的領導下，輝瑞成功地解決了上述難題，股票價值也有大幅提升。他是如何做到的？其中一點是晏瑞德明白，輝瑞這樣的大型而複雜的公司，無論在客戶產品、疫苗及創新藥品等事業部之間，還是在成熟市場與新興市場之間，都需要去平均化（de-average）的策略與執行方式，他說：「一家大型且多樣的公司需同時在（策略調色板上）多處著色。」晏瑞德強調，每個單位都需要有自己的策略，「這些單位各自獨立且都有全球性，有自己的文化和重點」。

上任之初，晏瑞德進行了策略評估，結果顯示輝瑞需要重新思考自己管理多種業務資產組合的方式。因此，他優化了組織結構，為創新藥和既有產品開創了全球性的獨立業務單位，並建立了由同一個資深執行長管理的客戶、疫苗、腫瘤等獨立單元。此外，他還分別在 2012 年與 2013 年，成功轉讓輝瑞的嬰兒營養品與動物健康部門。[2]

結果是一系列的商業化運作，每個都面臨著非常不同的策略環境。全球創新製藥（GIP，Global Innovative Pharma）事業部負責通常由專科醫生開出處方的新型高價值療法。另一方面，全球成熟藥品（GEP，Global Establised Pharma）事業部的重點是已經或即將失去專利並將在激烈且動態市場中競爭的產品。晏瑞德比較了二個事業部：「GIP 需要的文化與 GEP 需要的不同。問題是，如果分離程度夠高，我們是否能讓它們共存？」

晏瑞德說明，輝瑞實際上面臨著多種互有差別的業務環境：客戶業務的競爭環境管理程度低，而行銷的速度相對較快；疫苗用於預防疾病，而非治療疾病，有完全不同的經濟效益，涉及該國或當地的公共衛生當局；腫瘤與二者皆不同，由於產品只為一個目的開發並進行人體實驗，最後由專科醫生開處方箋，因此涉及更多的是與基因診斷實驗的結合。

由於環境多樣，晏瑞德建立了不同功能的部門，例如全球供應部門、研發部門與財務部門，各個部門都有區別明顯的策略。例如，研發部門需要掌握通常是意外獲得的新發現並圍繞這些新發現行動。這就需要探索型策略以及靈活的資源配置機制，即適應型策略。然而，輝瑞初期的科學工作通常與學術醫療機構及大學合作完成，更像是願景型策略，關注醫療需求高度未滿足領域的尖端科學，即某天可能變革醫療成效的創新科學。[3]

因此，晏瑞德迅速區分了組織各個部分的策略，但他也意識到由此而來的明顯的複雜性可能會讓員工或投資者迷惑不解。為了因應這個局面，晏瑞德設計了四種簡單的方案：

1. 優化公司創新和新的表現；
2. 高效分配資源；
3. 獲得社會尊重；
4. 培養當責文化（ownership culture），讓員工對自己的決定與結果負責。

這四種方案一致描述了貫穿輝瑞策略的主線。晏瑞德稱：「根據四種規則，我設定了清晰的目標及任務，說明公司在不同業務之間的調整，我們的討論都是以此為背景的。」

例如，第三項規則需要對包括政府及個人在內的利益關係者說明，預防疾病及治療疾病方面的創新，對社會健康來說至關重要，對這項規則的執行策略由各個事業部制定。然而，儘管輝瑞內部各個事業部的策略都是獨一無二的，但第四項規則致力於在公司內部培養當責文化，向員工傳達訊息，在每個業務單位特有的行銷策略架構下，輝瑞不反對員工冒險，但前提是必須深思熟慮。

晏瑞德強調文化在各單位執行的重要性:「成功需要正確的文化。策略及組織一起產生。我認為最難得的不是找到正確的策略,而是執行。」

簡而言之,晏瑞德發現了在組織不同部分運用不同策略並執行的需要,正確畫分了組織,決定各處應採用的策略。接著,晏瑞德透過創造統一的主題,在公司內外推廣自己的策略,讓主管們可以看到自己策略選擇背後的主線。

這個產業的研發生產力仍步履維艱,身處其中,輝瑞公司將一系列新型且有品牌的藥品帶入了市場,僅在 2013 年就有二種藥品上市,而第三種也即將得到美國食品藥物管理局(FDA,Food and Drug Administration)的批准。同時,去平均化的策略讓公司的複雜性降低,2011—2013 年,公司的年度成本基礎(annual cost base)減少 40 多億美元。最終,在晏瑞德的任期內,輝瑞的市場總值在 2014 年成長了近50%。[4]

繪製策略組合：核心理念

　　輝瑞的案例反映了本書逐漸說明的共同主題：大型公司需要執行多種策略。因為大型公司不可避免地要在多種策略環境中經營；此外，這些環境也會隨時間變化。成功的公司可以應對選擇、結合及有效執行恰當策略組合的挑戰，並在環境變化時，對其進行動態調整。在第六章中，我們瞭解到了幾種因應這種挑戰的組織和經營策略。

　　但在繪製組織內動態的策略搭配，即我們稱之為**策略組合**（strategy collage）的層面，領導者扮演的角色至關重要。

　　領導者必須管理一種微妙的不平衡狀態，解決看似矛盾的問題當組織在熟悉、成熟並且成功的事業，遇有自我封閉的自然趨勢時要善於打破這個局面。領導者們所處位置非常特別，需要理解外部環境，決定各個策略應用在何處，並知人善任，執行每種策略。

　　此外，在公司內外推廣自己的策略方面，領導者的角色也非常重要。

　　同等重要的是，透過外部導向，由強行改變策略，進行自我顛覆等方式，領導者們必須使策略組合切合當前情況。最終他們會選擇性地影響單位策略的執行。透過提出適當的問題，防止主導思想使得事業部短視，最終在關鍵決策中呈現出他們的支持。

　　我們採訪多位執行長，他們不約而同地強調，繪製策略組合是區分有效和無效策略設定與執行的關鍵，也是執行長的重要角色。正如百事（PepsiCo）執行長盧英德（Indra Krishnamurthy Nooyi）所說：「你針對一種策略侃侃而談，這就說明有問題！對於百事這種相對多樣的公司來說，你必須在不同業務中，應用不同的策略思維模型。例如，在網路經濟盛行的世界，我們的產品如何在電商時代表現必須重新思考，而且我們可能在這個點上會發現新領域。」

我們也經常聽到，繪製策略組合非常困難，因為它涉及面對並解決明顯的矛盾，但同時也是領導力的重要衡量標準。美國國際集團（AIG）的彼得・漢考克（Peter Hancock，按：2017年卸任）曾說：

「我經常聽到這樣一句話：『你給我的都是矛盾資訊。』我會說：『你是領導者，你得到報酬就是為了傳達矛盾的資訊！』既成長又萎縮，就是矛盾所在。我們處在複雜的世界中，有些領域會成長，有些會萎縮，這就是我們為什麼要給主管報酬，因為他們必須在矛盾中思考！」

複雜多變世界中領導者的重要角色

當今市場環境多樣而複雜，領導者們需要成為**多種策略動態組合的繪圖師**（the animators of a dynamic combination of multiple approach to strategy）。這個任務要求領導者適應八種角色，並表現優異，保證策略組合達到效果，並在環境變化時繼續發生作用。**圖8-1**就是一家公司的策略如何隨時間在各個單元或功能部門中變化。

【圖 8-1　五種策略組合與巨變中領導者必須扮演的八種角色】

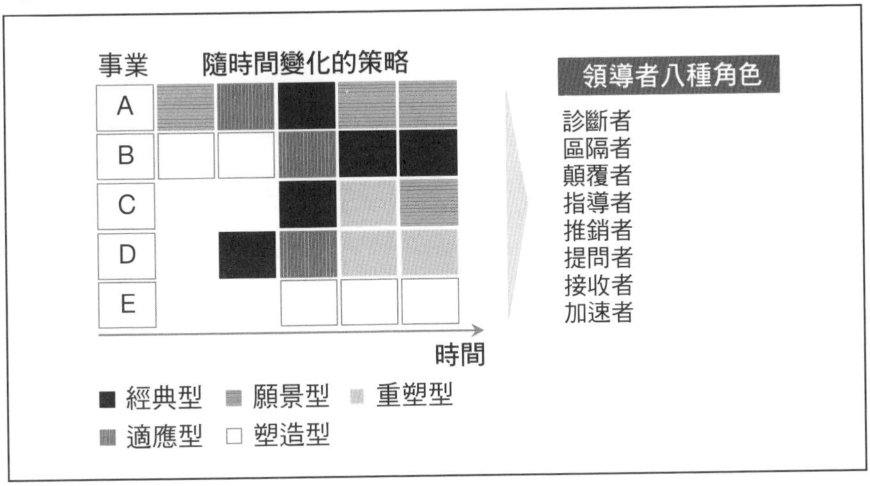

- **診斷者**（diagnostician）：不斷從外部視角判斷每種業務環境下的可預測性、可塑性及嚴苛性，將之與公司每個部分需要的策略相匹配。
- **區隔者**（segmenter）：恰當間隔各個層次，調整公司結構，配合適應環境的策略，平衡精確度與複雜性。
- **顛覆者**（disrupter）：不斷根據環境的變化審視及區分，避免組織僵化，並在需要時調整或改變策略。

- **指導者**（team coach）：根據個人能力，選擇正確的人管理策略組合中的各個部分，從理解和經驗雙管齊下，幫助其加深對策略調色板的理解。

- **推銷者**（salesperson）：將策略選擇作為整體，以清晰連貫的方式，向投資者及員工推廣並交流策略選擇。

- **提問者**（inquisitor）：設定並調整每種策略的正確環境，提出探索式的開放問題，而不是直接提供答案，幫助刺激每種策略恰當的關鍵思維，激發每種策略的特徵。

- **接收者**（antenna）：經常瞭解外界，有選擇性地放大重要訊號，確保每個事業部與變化的外部環境保持一致。

- **加速者**（accelerator）：支援選擇關鍵的措施，加速或鼓勵策略執行，尤其是策略已經改變，並不熟悉或可能遭到反對時。

接下來，我們將詳述這八種角色，以及身為領導者的執行長們如何實踐。

繪製組合：領導者的八種角色

診斷者

　　領導者們第一個重要角色，就是整體判斷公司所處環境，決定最佳策略，也就是綜觀全局的策略家（metastrategist）。透過在地理位置、功能與產業區分等層面，評估不可預測性、可塑性及嚴苛性，領導者們可以為公司的各個部分選擇恰當的策略。

　　身為診斷者時，領導者們需要深刻理解環境的基本組成要素，並據此選擇恰當策略。例如，晏瑞德就稱輝瑞的事業部需要使用不同策略：「全球成熟醫藥策略特別以客戶及服務為中心，而全球創新醫藥則更以向外傳遞價值與創新為導向。二個事業部必須回答截然不同的問題。」對全球創新醫藥（GIP）事業部來說，這意味著思考：「我是否可以讓創新具有可預測性？我能否大量生產具備附加值價的產品？」而全球成熟醫藥（GEP）事業部必須自問：「我是否可以降低成本？我是否可以進入正在成長的不同領域？」

　　做出正確的判斷需要根據公司情況，找到策略調色板中最獨特的特質。由於很多公司通常具有光譜兩端（意味矛盾）的特徵，而且差別可能非常細微，做到這個點並非總為易事。例如，晏瑞德解釋說，在自己的公司中，對成熟產品的業務來說，即使有一些複雜的動態因素及可能的不穩定因素，經典型策略依然最為適宜：「全球成熟醫藥業務在理論上具有可預測性。價格可能反覆無常，但有鑑於未被滿足的需求，我們希望擴大規模用以因應。」

區隔者

決定將不同策略應用於何處時，領導者需要對自己的組織進行正確區分。為了做到這個點，領導者們必須平衡準確度與複雜性。領導者在分配策略時愈仔細，策略與部門之間的配合度就愈高。理論上說，地理位置、功能和產業的十字路口都可能需要不同的策略：對成熟市場中成熟類別的規畫可能與快速成長的市場中新型產品不同。但實際上，精心區分的區域可能帶來過多的複雜性以及自我調整的協調成本（如我們在自我組織部分討論的，本書之前也強調這個點也有例外）。

有時，單純憑藉著地理位置或功能，就能制定合適的策略；有時，執行長可能認為，儘管有額外成本，但更為精心的畫分也是必要的。無論如何，企業層峰對此負有責任。在百事，盧英德不僅為事業部制定策略，同時也在管理與大部分核心事業部平行運作的「顛覆」團隊。例如之前提到的，盧英德有一個運用適應型策略的開發家用氣泡水機的團隊；同時，她所帶領的Mountain Dew飲料團隊運用經典型策略擴大碳酸軟飲銷售額：

「每種業務中，我們都有兩條線：日常線和未來線。負責日常營運的人是不會思考『我如何顛覆自己？』這個問題的。」

另一方面，領導者可能會在整個公司使用單一策略，尤其是產業達到徹底轉變的巔峰時，所有業務單位最終都會受到影響。例如，肯尼斯・錢納特（Kenneth Chenault）在美國運通走出衰退後，實施了一種在技術方面顛覆公司所有業務的策略。「我們當時不得不做出選擇，」錢納特說，「我們是成立關注數位的獨立事業部，還是讓整個公司迎接數位變革？我的決定是後者。而我們思考的不是數位變革正在發生，而是為什麼我們能成功領導變革。」

顛覆者

綜觀全書，我們已經說明，不僅最初選擇正確策略很重要，而且隨著時間軸轉（pivot）至新策略以適應動態變化也十分重要。領導者在引導甚至強制進行這些轉型中扮演著關鍵角色。隨著環境變化和公司發展，而且是愈加快速地發展，領導者們需要不斷檢查自己的策略組合，必要時進行調整，與所處環境中不可預測性與可塑性的變化保持一致。

這種不斷地調整並非易事，而且也並非自然發生。如同波士頓顧問公司創辦人布魯斯・亨德森（Bruce Henderson，1915-1992）所說：

「過去的成功總會在當下大放異彩，它會導致人們高估帶來這種成功的做法和態度。」[5]

因此，領導者的一個關鍵角色就是保持組織策略的流動性。實際上，這意味著領導者們需要從外部視角看待環境潛在特徵的變化，而這些變化可能會影響不同部門對策略的選擇。透過外部評估，領導者必須同時扮演二種角色：一是對抗墨守成規的組織惰性，二是階段性自我顛覆的催化劑。

正如盧英德所說，自我顛覆的可能性需要不斷在領導者的思想雷達上出現：「我總是自問：『我如何顛覆自己？』看著當今世界的趨勢，我會說：『天啊，如果這類事或那類事發生在我們產業，我就完了。』不願意面對問題，並不代表問題就會消失。」因此，領導者必須在企業中推動改變：「如果顛覆沒能從高層開始，那麼由於現金流勝過未知，企業高層將把顛覆扼殺在董事會中。」

指導者

由於領導者設定策略，接著交由自己的團隊執行，知人善任並讓他們在理解上與經驗上瞭解策略調色板也是領導者們最重要的工作之一。把「對的人才」安排到企業中「正確的職位」，是執行長永恆的課題。

理想情況之下，任何管理者都有能力實施任何策略，但通常每個管理者都自然而然會傾向於使用五種色彩策略中的一種，而非其他策略。最具前瞻性的願景型企業主管，可能擁有與注重紀律的經典型企業主管不同的特質。由於團隊會在環境適應其優勢時做到最佳表現，為此團隊做到這個點尤其重要：團隊成員的專業技能應該與有效執行其事業部所要求的技能匹配。

盧英德表示：「有這樣兩種人：第一種人具有雙元性創新能力；第二種人能把手頭的事做好，但無法跳出以自己的眼界看問題的思維限制。身為執行長，我們不期望每個人都具有雙元性創新能力，因為這是不可能的事，（但是）要讓他們能夠按時完成任務。」

與此同時，舉例來說，儘管有時主管們需要執行注重紀律的經典型策略，但也可能需要至少在某些方面實施其他策略。因此，成功的領導者能夠睿智地、老練地調配自己團隊的策略調色板。肯尼斯·錢納特闡述美國運通的發展策略：「在我們的領導模式中，我會講到從實際情況出發的領導力。有人會問：『你是哪種類型的領導者？』但該問的不是這個。一天結束時，你必須根據實際情況和員工的準備狀態進行領導。實際上，你必須得自願經歷多個階段，還要同時緊跟一系列領導風格。」

　　企業領導者會睿智地培養員工能力，從而使之反映在策略的制定和不同策略之間的價值與區別上。領導者會教員工培養一種認識所處環境，結合面對眼前不同環境下獲得成功的最重要潛在因素的能力，領導者也會鼓勵員工自我反省。

　　領導者們也會給員工提供直接體驗不同策略的機會。彼得・漢考克於 2010 年加入美國國際集團（AIG），時任執行長的鮑勃・本默切（Robert Herman "Bob" Benmosche，1944-2015）就讓他直接體驗各種不同策略，增加對於不同策略的理解。2011 年，本默切將擔任財務、風險及投資部門經理的漢考克調至產險部門，擔任該部門的執行長。漢考克需要迅速熟悉新策略。「我們償還了美國聯準會（Fed，Federal Reserve System）的錢，2011 年進行了股份交換，鮑勃讓我換一個新角色，於是我的生活一夜之間從思考結構調整變成了思考幾件事情。首先，我應該如何學習足夠多有關保險產業的知識；其次，我應該如何發展業務，讓公司繁榮發展？接著，我們不得不思考如何創新，如何妥當地展開新業務。」透過讓員工擔任具有挑戰性的新角色，不僅培養高階主管**綜觀全局的策略技能**（metastrategic repertoire，按：掌握整體環境，規畫最適策略組合），也讓基層員工感到獲得信任、可供依靠、具有價值、受人賦權（empowered）。

推銷者

　　成功的基礎包括內部利益關係者的結盟，也包括外部參與者，如投資者、客戶、合作夥伴的支持。因此，企業領導者需要對內對外，推銷自己的策略原理。然而，從輝瑞晏瑞德的例子可以看出，不斷變化、不停變動的策略，可能會讓員工和投資人感到困惑。這種情況下，領導者的角色之一就是起草一份說明，幫助利益關係者整體理解該策略，並闡明其中的共通性。

　　以領導者與投資者進行交流的角色為例。例如，由於公司採用了適應型策略，領導者無法精準預測公司的表現時，華爾街可能仍會希望公司的報告遵循本質上的經典標準。這時，執行長需要傳遞一種資訊，在不會讓內部利益關係者分心或迷惑的同時，滿足外部利益關係者的要求。

　　盧英德詳述了這種挑戰。在她的例子中，盧英德需要告訴股東保持百事傳統的經典型元素，也要抓住其創新，但可能並不熟悉的顛覆策略，她必須平衡二者：「投資人與你談話時，通常圍繞著（資料表）某一行或者一列的資料。因此，無論你做什麼，你必須讓規模、市占率和成本安全著陸。只有在你安全著陸後，飛機滑行到機門對準接駁空橋的那一刻，你才能說：『我同時也在做別的事。』」

　　同樣地，漢考克的實例告訴我們本默切如何說服股東在金融危機之後支持自己的策略，如何說服美國財政部（US Department of the Treasury）和聯準會支持自己的規畫，以保護公司完好無損並回歸市場，以全額回報美國納稅人作為交換：「我們必須找到不同的投資者，讓他們拿出數十億美元進行股本投資，而且並沒有什麼管理最初浮動的手冊。我們既需要說服那種能否決我們短期規畫的利益關係者，也要說服那些從長遠看，能對我們提供關鍵支持的利益關係者。」

　　本默切意識到，從根本上看，當時股東無法協調。他們無法在一件事上達成一致：公司到底是一堆需要破產重組的資產，還是僅僅是因為一種持續的擔憂，才使得AIG的企業價值下跌了 150 億美元。本默切說服股東們各退一步，解釋說如果可以有效調解分歧，他們就可以分享 150 億美元的「和解紅利」。[6]本默切的說法發生作用，美國國際集團的債權人決定配合，在 2011 至 2012 年一系列六次發行中，AIG 出售的自家股票超過 440 億美元，使美國政府淨利 227 億美元，成功結束了政府擁有公司的時代。[7]

─ 不同策略所面臨的問題 ─

每種策略都有代表的思路（thought flow），因此其自身特有的一系列問題能夠引導策略的形成及執行。接下來，我們一起考慮每種思路的範例問題。儘管並不詳盡，但這些問題可以說明如何透過適當的探索塑造或優化團隊的策略。

對**經典型**（classical）策略來說，問題呈前後相繼的流線型，與分析、規畫和執行的思路保持一致。例如，想要採用經典型策略的領導者可能會問自己的管理團隊：「我們所處環境如何？我們的競爭優勢是什麼？目標是什麼？達到目標需要哪些步驟？為了實現目標，我們需要獲得哪些能力？」

在**適應型**（adaptive）策略背景下，領導者應該重複提問，查核公司是否沿著**改變**（vary）、**選擇**（select）與**推廣**（scale up）的金科玉律前進。例如，要想查看變化的重點是否正確，領導者們可能會問：「外部變化模式是什麼？可預測項有哪些？我們不知道的是什麼？我們的盲點有什麼？我們的速度是否與環境匹配？」

進行選擇機制壓力測試時，領導者們可以問：「我們如何知道某個事業項目是否值得繼續？我們是否失敗太多次了？我們從失敗的事業項目中學到了什麼？」最後，他們可以詢問拓展成功項目的策略：「從實驗到產品，我們需要知道什麼？如果把實驗變成可以帶來 10 億美元的業務，需要做什麼？」

採用**願景型**（visionary）策略的領導者會希望關於**設想**（envisage）、**建構**（build）、**堅持**（persist）的思考流的問題都能得到清晰明確的答案。他們首先可能提出這樣的問題：「我們想要得到什麼樣的未來？我們認為其可行、有價值且未被占領先機的自信源於何處？公司是否也清晰地看到並相信這個願景？」接著，為了驗證實際上是否可行，他們會問：「我們想要建立的是什麼？我們如何實現？」最後，驗證這個願景是否獲得了足夠的堅持，他們會問：「我們是否是領頭羊？我們如何根據自己的願景教育市場？我們可能遇到的障礙或已有障礙有哪些？如何克服？」

塑造型（shaping）策略需要回答完全不同的問題。為了保證策略發生作用，要與外部參與者一起**吸引**（engage）、**協調**（orchestrate）、**發展**（evolve），領導者的問題可能是這樣：「我們如何獲得雙贏？我們如何影響利益關係者生態系統以獲得優勢？我們可控的方面有哪些？我們需要掌控什麼？我們如何確保自己的生態系統一直健康？」比起直接詢問策略，領導者要檢查機制是否能讓策略不斷自動浮現：「我們是否一直有效地發展平臺，進一步學習？」

為了創造策略更新的環境，領導者要檢查自己的管理方式是否做好了二方面的準備：生存以及**因應**（react）、**節約**（economize）、**成長**（grow）這個思路的新階段。首先，領導者要確定為保證生存所做的是否足夠：「我們是否已經足夠深入？我們如何知道自己進入了正確的領域？」因此，領導者們也可以確保公司長期的活力也在思考範圍內：「我們如何有策略地創新，保證長期繁榮？我們何時**從生存到繁榮**（survive to thrive）？公司是否為成長和創新提供支援？」

提問者

　　領導者們一旦為各個事業部選定恰當的策略並在各個職位安排了適當的人選，就要藉由提出正確的問題，為有效執行打穩基礎。顯然地，執行長既沒有時間，也沒有資訊可以直接領導各個事業部，也很難參與日常決策。透過提出正確的問題，執行長可以幫助員工循著恰當策略特有的思考流思考，無論是**分析**（analyze）、**規畫**（plan）還是**執行**（execute）其業務的經典型部分，還是**改變**（vary）、**選擇**（select）並**推廣**（scale up）更具適應型的事業部。

　　我們採訪過的很多執行長，都強調提問的價值。盧英德解釋：「你必須提出正確的問題，假設有正確的人可以給出答案。執行長在大多數領域稍稍深入、廣泛拓展，而在某些你認為（企業）並未獲得這些能力的領域，則要更深入。執行長的責任是瞭解形勢、正確提問。」

　　藉由正確詢問和建立框架，執行長賦權（empower）組織正確執行適當的策略，而不是根據指示決定策略的實施。除了賦權給員工，負責監督各個策略成效的執行長，還可以獲得有依據的可預見性。答案的成熟狀態和品質可以讓領導者知道管理階層對於策略的瞭解程度。同時，問題還能讓管理階層把注意力放在如何能得到最恰當的策略上。

接收者

為每個事業部選出恰當的策略後，領導者們就要透過確定公司與外部環境的協調，幫助策略的後續執行。為此，他們需要不斷朝前看，有選擇性地放大重要的訊號。他們會用現實挑戰自己的公司。

領導者所處的位置非常特殊，需要跳出公司的主流思維模式，挑戰既有觀念。例如，這可能意味著發現新的願景式機會，確定適應型策略中的既有缺陷，或以全新的視角看待經典型產業中的產業界限。

久而久之，已經成熟的事業部傾向於內部視角，依靠自我強化主流邏輯（隨著執行某一策略的而愈加成功的趨勢）。領導者可以幫助打破這種自然趨勢。如肯尼斯・錢納特強調的：「大型公司的危險之處在於，你只接受一種思考模式，也只接受一種行動方式。我要對公司表明的一點非常簡單：如果你說我們身處變化的世界，那就意味著單一方式行不通。」

身為接收者的領導者可以積極尋求不同的外部觀點，有些甚至顯然與企業無關。例如，盧英德就會尋找多種靈感來源：「我會參加商展，甚至乍看之下與本業無關的商展。零食展、飲品展和公司業務有關，但是，我也會參加供應鏈的商展、數位展、家用電子產品展、設計展和矽谷的快閃活動等。」

和盧英德一樣，AIG的漢考克也看到，自己的團隊在日常的基礎上表現不錯，但從更為外部的視角（external perspectives）和創新策略的拓展使用，會對公司更有助益。因此，漢考克成立科學團隊，為穩定的保險業務帶來了全新的獨特視角。漢考克解釋說，這個團隊由一系列社會科學家、資料科學家、物理學家、生物學家和經濟學家組成，其唯一的核心任務是：持續為AIG的核心業務提供破壞式／顛覆式的觀點（disruptive views）。[8]漢考克說：「根本上說，這是公司核心創立的研發團隊，負責變革我們處理業務的方式。」

加速者

最後，推動者遠在發現外部變化並提出顛覆性觀點這個角色之上，因為即使是最具說服力的敘述，對沒有活力的大公司來說也不過是對牛彈琴。然而，領導者無法找到所有有價值的方案。相反地，有技巧的領導者有選擇性地支持高調且關鍵的方案，向全公司說明變化可能發生，而且非常有利，也必須讓人為之驚豔。最重要的是，這種變化得到高層主管的後援。

盧英德選擇性地將精力放在最有可能從根本上影響公司發展方向的變化上。她提出了如下建議：「為需要推力（push）的主題挺身而進。最初，是高層的推力，接著它就會變成拉力（pull）。」例如，盧英德發現百事的飲料設備團隊在時間期限內難以成功，於是便投資成立了一個獨立團隊，開發更創新的設備。「某天，我們的現有團隊突然覺醒了，發現『我們需要完全不同的飲料設備，要有全新的使用者介面，也要有新口味』，接著其他團隊就能說：『是的，沒錯，我們已經為你們準備好了。』」現有團隊在被動情況下推動變革，因為新設備必須對抗現有業務，這是相當可怕的想法。但從盧英德說出的前瞻有利位置來看，盧英德可以知道未來的需要，並且會說明團隊排除障礙。

技巧與陷阱

在匹配策略和環境方面，領導者需要扮演一系列重要角色，使得之後的策略組合具有動態性，並促進這些策略的執行。我們為本書採訪過的執行長們說，最艱難也最具有價值的挑戰是管理大型公司固有的動態複雜性，而這種動態複雜性，需要同時或相繼採用多種策略。

執行長需要精通二種能力：領導多元化的公司，以及繪製策略組合；這種固有的矛盾是偉大領導者與優秀主管的區別。**表 8-1** 列出一些我們採訪和研究中發現的技巧和陷阱。

【表 8-1 決定適應型策略成敗的技巧與陷阱】

五項技巧	四個陷阱
1. 接受矛盾： 你領導了多種策略，而這些策略的需求可能迥然不同，這並非不可接受，但關鍵是要為每種環境定制方針。	**1. 調色板色彩單一：** 任何大型公司對單一的、未被質疑的且未曾改變的策略視角來說都太過複雜。避免過度簡化或統一。
2. 接受複雜性： 在公司內部介紹複雜性，說明複雜性如何在不會產生過高協調成本的情況下，優化環境與策略的匹配。	**2. 管理而非領導：** 如同領導者八種角色所述，過度深入管理各個策略，會妨礙你從更高層次塑造策略組合。
3. 簡要解釋： 最終的策略組合也許會使員工和投資人困惑不解；找到策略組合共有的主線，講述一個簡明的故事。	**3. 為意外而規畫：** 在快速變化且難以預測的世界中，為了獲得精準預測和規畫而過度投資可能會產生反效果。有成效的領導者會意識到，有時規畫良好並非優秀領導者的標誌。
4. 外部視角： 走出去，向外看。利用特殊的位置，抵銷公司自我僵化的趨勢，通過保持公司外向型的焦點和流動性，長期維持主流觀念。	**4. 僵化：** 有些領導者選擇了某種策略，但即使原有路線已在變化的浪潮中難以生存，新的資訊浮現時，領導者者卻不願隨之而變。
5. 心懷疑慮時，進行顛覆： 公司會自然而然地確定行事模式。在動態的環境下，相較於不必要的顛覆來說，過度強調連續性更為危險。	

後記：自主掌控策略調色板

　　我們已經知道了三件事：多樣的商業環境為何需要採取根本上不同的策略制定和實施方法；身處多樣環境下的大型公司為何需要掌握同時或相繼採用多種策略的方法；以及企業領導者如何在策略組合的制定上扮演非常重要的角色。上述結論帶來的必然結果是：企業領導者或主管的個人成功，同樣取決於是否能夠在合適的條件下，抓準時機採取正確的策略。

　　但瞭解這個點不過是第一步。如何建構並駕馭策略實施的必備技能？如何自己制定更好的策略？如何將從本書學習到的內容付諸實踐？

　　從根本上說，策略是解決問題的過程，這個點不僅反映在工作領域，也反映在個人生活上。你每天面臨著很多選擇不同策略的機會，你需要做的就是給自己一個明確的選擇。只要在正確的思維框架和意識指導下抓住每次機會，你就可以加快學習速度。

　　以下是四種建構基本技能的方式：

　　1.首先深化對策略的理解。

　　2.練習將其用於當前的商業環境及非工作環境中。

　　3.拓展經驗。

　　4.練習為其他人設定並塑造情境的技能。

深化對策略的理解

透過閱讀附錄B推薦的延伸閱讀，努力深化對策略調色板的認識。在這個過程中，首先問自己在實踐不同風格的策略時，思維過程、關鍵問題、工具、框架、實施方法有怎樣的不同。其次，自問是否熟悉或接受以上的這些不同。透過問自己針對不同的企業（這些企業例子可能是你讀到的、聽到的或從其他途徑發現的）何種策略最為適合來擴大自己的「舒適區」。

將策略調色板應用於工作與生活中

也許，你可以採取的最有效的一步就是在遇到策略挑戰時，多問自己一個問題：這種挑戰或機會是什麼？最佳的解決方法是什麼？也就是說，運用任何一種思維方式之前，停下來思考，解決當前問題的最佳方案是什麼。

進一步說明，即使用附錄A中的診斷工具或者更詳細的線上版本，確定對公司來說最恰當的策略。重新閱讀講述該種恰當策略的章節，盡力使用該策略下的多種技巧和工具。要注意你不熟悉的地方以及難以處理之處，尋找自己可以學習的模範。這個過程中，你就會開始開發自己的問題、工具及技巧系統。

你也可以透過將不同策略應用於日常問題處理中，練習各種策略不同的思維方式。例如，定位個人投資策略時，你可以嘗試不同策略。你可以規畫未來的現金流入及流出，建立詳細的銜接規畫（經典型）；你可以擴大對多種風險的投資，接著迅速重新分配投資，繼而根據效果重複上述過程（適應型）；你可以對某種自己能夠直接掌控的項目進行大量投資，例如家族產業或利益（願景型）；你可以透過集資並與他人合作，創造新的收益機會（塑造型）；或者你也可以重點減少不必要的花費，指定嚴格的開支規畫，釋出資源，用於節約（重塑型）。

另外一種思維實驗，自問何種思維方式最為恰當。這種情況下，遇到困難時你可以對不同策略進行思維模擬：你要採取經典型、適應型、願景型、塑造型還是重塑型策略？如此一來，你會獲得何種策略最適合解決當前問題的靈感，之後，你很可能會在實踐一系列思想實驗的過程中，發現不同並互補的想法。

　　提醒自己，策略調色板不僅適用於制定策略，而且適用於想要達到某個目標的思維及行動全過程。因此，將思維應用於行動的全過程中，並確保自己能夠運用資訊，透過與所選擇策略一致的方式創新、組織與領導。

拓展經驗

　　你應該嘗試在不同的業務環境中工作，以獲得每種業務特點的第一手經驗。讓自己處於不同環境中，即使這種環境並不適合發揮自身已有優勢。由於每家大型公司都由多個不同的業務部門構成，且各個部門在不同的地理環境下或在不同的發展階段需要採用不同策略，所以你不必經常跳槽也可以達到這個目的。此外，公司內的每種產品或服務都將面臨本質上不同的策略挑戰。很多日本企業有「平行快速通道」的經典型，讓有前途的員工到公司內部不同部門輪調職位，幫助他們拓展經驗。你也可以據此考慮自己的事業發展。

為其他參與者設定情境

你應建立並管理團隊，讓其實施每種策略，以此而開發自己的策略領導能力，尤其是思考如何為你想要採用的一種或多種策略選擇特點和能力均恰當的人選。你是需要一個善於分析的人，還是需要一個善於辦事的人？是需要一個有遠見的人，還是需要一個追隨你步伐的人？

你還應該練習第七章中的提問能力，為每種策略風格設定情境。建立自己的題庫，是提高領導技巧最有效的步驟之一。

觀察情況的變化，說明自己的團隊與變化的現實相聯繫，並據此幫助各個團隊制定它們自己的策略。提醒自己正在做的是管理一種微妙的不安定，而不是改善一個不變的菜單。要經常詢問並觀察需要改變之處，接著成為這種變化的催化者。

看來，數位技術革命、全球化及其他促成變化的因素會一直持續下去：公司面臨的多樣環境很可能也將一直持續，甚至在接下來幾年中益發突出。一位主管自始至終在一個公司工作，承辦業務也相對穩定，透過積累、運用一套固定的知識和技能得到晉升的年代，已經一去不復返了。而能熟練運用策略調色板的公司主管，會為自己的公司帶來更大價值，並獲得成功拓展自己的事業優勢。

現在，我們開始用策略調色板畫圖吧！

附錄A　自我評估

你的策略是什麼？

這個快速自我評估的一問一答，目的是評估環境，以及你想採取的策略及你實際策略之間的匹配度。

當前應用的策略

請選擇最符合你當前策略的描述。

A. 我們設定了清晰的目標和規畫，很少變化，且我們執行該規畫以實現目標。

B. 我們致力於實現想像中的最終狀態，且靈活應對前進路上的障礙。

C. 我們發現降低成本，保存資本的機會，以詳細的規畫為指導，最終確定新的成長路線。

D. 我們經常掃描環境，尋找變化的訊號，並將其用作實驗組合的指導，再次利用成功項目使用的資源。

E. 我們積極與產業內其他利益關係者和企業合作，創造共同的長期願景，並建立促進合作的平臺。

請勾選你的答案，並且寫在這裏： _____

你認為的商業環境

請選擇最符合你認為的商業環境的描述。

F. 我們的產業或公司因內部或外部衝擊而動盪，或不符合變化的商業環境。

G. 我們的產業足夠成熟，可能被想像中的新參與者顛覆。

H. 我們的產業動態性很高，難以預測，因為客戶需要、技術和競爭結構總在變化。

I. 我們的產業內，需求和競爭結構都有穩定可預測的模式。

J. 我們的產業可以被參與者的聯合和協同合作而重塑或再塑。

請勾選你的答案，並且寫在這裏：_____

你想要採用的策略

請選擇最符合你目前想要採用的策略的描述。

K. 我們不斷更新競爭優勢，利用自身的敏捷度和靈活性。

L. 我們透過巨大的規模或優異的能力，建構可持續的競爭優勢。

M. 我們透過利用想像、速度和堅持，觀察並發現新可能而獲得成功。

N. 我們透過建立或維護與其他公司和利益關係者協作的平臺而獲得成功。

O. 我們關注確保短期活力，作為透過重新整合策略，促進成長的開端。

請勾選你的答案，並且寫在這裏： _____

結果：你是否採用了正確的策略？

請選擇最能反映你答案的字母，包括實踐中的策略，你認為的環境以及你想要的風格：

看看結果，請反思以下問題：

- 當前的策略是否與你想要採用的策略一致？
- 你想要採用的策略是否與你認為的環境相匹配？
- 不匹配的原因是什麼，我們如何解決這些不足？

【圖1　選擇正確的策略】

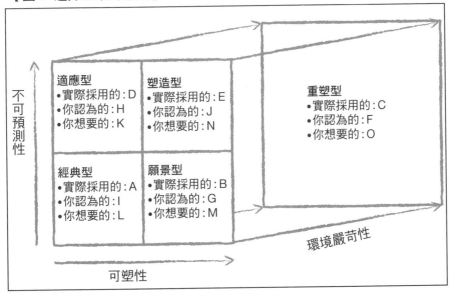

附錄 B　延伸閱讀

第一章

- Freedman, Lawrence. *Strategy: A History*. Oxford: Oxford University Press, 2013.

- Ghemawat, Pankaj. "Competition and Business Strategy in Historical Perspective." *Business History Review* 76, no. 1 (2002): 37–74.

- Reeves, Martin, Claire Love, and Philipp Tillmanns. "Your Strategy Needs a Strategy." *Harvard Business Review*, September 2012.（按：〈你的策略有什麼策略〉文章原刊登於《哈佛商業評論》2012 年 9 月號，遠見天下文化出版）

- Wiltbank, Robert, Nicolas Dew, Stuart Read, and Saras D. Sarasvathy. "What to Do Next? The Case for Non-Predictive Strategy." *Strategic Management Journal* 27, no. 10(2006): 981–998.

第二章

- Ansoff, Igor H. *Corporate Strategy. An Analytic Approach to Business Policy for Growth and Expansion*. New York:

McGraw-Hill, 1965.

- Barney, Jay. "Firm Resources and Sustained Competitive Advantage." *Journal of Management* 17, no. 1 (1991): 99–120.

- Henderson, Bruce. "The Experience Curve." *BCG Perspectives*, 1968.

- Henderson, Bruce. "The Product Portfolio." *BCG Perspectives*, 1970.

- Henderson, Bruce. "The Rule of Three and Four." *BCG Perspectives*, 1976.

- Henderson, Bruce. "Strategic and Natural Competition." *BCG Perspectives*, 1980.

- Lafley, A. G., and Roger L. Martin. *Playing to Win: How Strategy Really Works*. Boston: Harvard Business Review Press, 2013.（按：《玩成大贏家》，中國生產力中心出版，2015 年）

- Lochridge, Richard. "Strategy in the 1980s." *BCG Perspectives*, 1981.

- Peters, Thomas J., and Robert H. Waterman Jr. *In Search of Excellence*. New York: Warner Books, 1982.（按：《追求卓越》〔全新修訂版〕，天下文化出版，2005 年）

- Porter, Michael. "How Competitive Forces Shape Strategy." *Harvard Business Review*, March–April 1979, 137-145.（按：〈競爭作用力如何形塑策略〉，是麥可‧波特發表在《哈佛商業評論》的第一篇文章）

- "What Is Strategy?" *Harvard Business Review*, November 1996.

- Prahalad, C. K., and Gary Hamel. "The Core Competence of the

Corporation." *Harvard Business Review*, May–June 1990.

- Stalk, George, Philip Evans, and Lawrence E. Shulman. "Competing on Capabilities: The New Rules of Corporate Strategy." *Harvard Business Review*, March–April 1992.

- Wernerfelt, Birger. "A Resource-Based View of the Firm." Strategic Management Journal 5 (1984): 171–180.

第三章

- Darwin, Charles. *The Origin of Species*. London: John Murray, 1859. (按：完整版《物種起源》，台灣商務出版，1999 年；《物種起源〔精華版〕》，五南出版，2013 年)

- Eisenhardt, Kathleen M., and Donald N. Sull. "Strategy as Simple Rules." *Harvard Business Review*, January 2001.

- Fine, Charles. *Clockspeed: Winning Industry Control in the Age of Temporary Advantage*. New York: Basic Books, 1999. (按：中譯本《脈動速度下的決策者》，大塊文化出版，2000 年)

- McGrath, Rita G. *The End of Competitive Advantage: How to Keep Your Strategy Moving as Fast as Your Business*. Boston: Harvard Business Review Press, 2013. (按：中譯本《瞬時競爭策略：快經濟時代的新常態》，天下雜誌出版，2015 年)

- Mintzberg, Henry. "Patterns in Strategy Formation." *Management Science* 24, no. 9 (1978): 934–948.

- Nelson, Richard, and Sidney Winter. *An Evolutionary Theory of Economic Change*. Cambridge: Belknap Press, 1985.

- Reeves, Martin, and Mike Deimler. *Adaptive Advantage:*

Winning Strategies for Uncertain Times. Boston: Boston Consulting Group, 2012.

- Reeves, Martin, and Mike Deimler. "Adaptability: The New Competitive Advantage." *Harvard Business Review*, August 2011.

- Stalk, George. "Time: The Next Source of Competitive Advantage." *Harvard Business Review*, July–August 1988.

第四章

- Bower, Joseph L., and Clayton M. *Christensen*. "Disruptive Technologies: Catching the Wave." *Harvard Business Review*, January–February 1995.

- Hamel, Gary and C. K. Prahalad. Competing for the Future. Boston: *Harvard Business Review* Press, 1996.（按：《競爭大未來》，智庫出版，1996年）

- Johnson, Mark, Clayton Christensen, and Henning Kagermann. "Reinventing Your Business Model." *Harvard Business Review*, 2008.

- Kim, W. Chan, and Renée Mauborgne. "Blue Ocean Strategy: How to Create Uncontested Market Space and Make the Competition Irrelevant." *Harvard Business Review*, October 2004.

- Lindgardt, Zhenya, Martin Reeves, George Stalk, and Mike Deimler. "Business Model Innovation: When the Going Gets Tough." *BCG Perspectives*, December 2009.

- Moore, Geoffrey A. *Crossing the Chasm: Marketing and Selling High-Tech Products to Mainstream Customers*. New York: Harper Business Essentials, 1991.（按：中譯本《跨越鴻溝》，臉譜出版，2000年）

- Reeves, Martin, George Stalk, and Jussi Lehtinen. "Lessons from Mavericks: Staying Big by Acting Small." *BCG Perspectives*, June 2013.

第五章

- Brandenburger, Adam M., and Barry J. Nalebuff. *Co-opetition*. New York: Currency Doubleday, 1996.（按：中譯本《競合策略》，雲夢千里文化出版，2015年）

- Chesbrough, Henry. "Open Innovation: The New Imperative for Creating Profit from Technology." *Academy of Management Perspectives* 20, no. 2 (2006): 86–88.

- Evans, Philip, and Tom Wurster. *Blown to Bits: How the New Economics of Information Transforms Strategy*. Boston: Harvard Business School Press, 1999.（按：中譯本《位元風暴》，天下文化出版，2000年）

- Freeman, R. Edward. *Strategic Management: A Stakeholder Approach*. Boston: Pitman, 1984.

- Henderson, Bruce. "The Origin of Strategy." *Harvard Business Review*, November 1989.

- Iansiti, Marco, and Roy Levien. *The Keystone Advantage: What the New Dynamics of Business Ecosystems Mean for Strategy,*

Innovation, and Sustainability. Boston: Harvard Business School Press, 2004.

- Levin, Simon. *Fragile Dominion: Complexity and the Commons.* New York: Basic Books, 2000.

- Moore, James F. *The Death of Competition: Leadership and Strategy in the Age of Business Ecosystems.* New York: Harper Business Press, 1996.（按：中譯本《競爭加倍速：創造致勝》，智庫出版，2001年）

- Prahalad, C. K., and Venkat Ramaswamy. *The Future of Competition: Co-creating UniqueValue with Customers.* Boston: Harvard Business School Press, 2004.（按：中譯本《消費者王朝》，天下雜誌出版，2004年）

- Reeves, Martin, and Alex Bernhardt. "Systems Advantage." *BCG Perspectives*, 2011.

- Reeves, Martin, Thijs Venema, and Claire Love. "Shaping to Win." *BCG Perspectives*, 2013.

第六章

- Burrough, Brian, and John Helyar. *Barbarians at the Gate: The Fall of RJR Nabisco.* New York: HarperBusiness, 1990.（按：中譯本《門口的野蠻人》（二十周年紀念版），左岸文化出版，2013年）

- Duck, Jeanie D. *The Change Monster: The Human Forces That Fuel or Foil Corporate Transformation and Change.* New York: Three Rivers Press, 2001.

- Hammer, Michael, and James A. Champy. *Reengineering the*

Corporation: A Manifesto for Business Revolution. New York: HarperCollins, 1993.（按：中譯本《改造企業》，牛頓出版，1994年）

- Hout, Tom M., and George Stalk. *Competing Against Time: How Time-Based Competition Is Reshaping Global Markets.* New York: Free Press, 1990.

- Kaplan, Robert S., and William J. Bruns. *Accounting and Management: A Field Study Perspective.* Boston: Harvard Business Review Press, 1987.

- Kotter, John P. *Leading Change.* Boston: Harvard Business School Press, 1996.（按：中譯本《領導人的變革法則》，天下文化出版，2002年）

- Reeves, Martin, Kaelin Goulet, Gideon Walter, and Michael Shanahan. "Lean, but Not Yet Mean: Why Transformation Needs a Second Chapter." *BCG Perspectives*, October 2013.

- Reeves, Martin, Knut Haanæs, and Kaelin Goulet. "Turning Around a Successful Company." *BCG Perspectives*, December 2013.

第七章

- Birkinshaw, Julian, and Christina Gibson. "Building Ambidexterity into an Organization." *MIT Sloan Management Review*, summer 2004.

- March, James G. "Exploration and Exploitation in Organizational Learning." *Organization Science* 2, no. 1 (1991):

71–87.

- Reeves, Martin, Knut Haanaes, James Hollingsworth, and Filippo L. Scognamiglio Pasini. "Ambidexterity: The Art of Thriving in Complex Environments." *BCG Perspectives*, February 2013.

- Reeves, Martin, Ron Nicol, Thijs Venema, and Georg Wittenburg. "The Evolvable Enterprise: Lessons from the New Technology Giants." *BCG Perspectives*, February 2014.

- Tushman, Michael L., and Charles A. O'Reilly III. "Ambidextrous Organizations: Managing Evolutionary and Revolutionary Change." *California Management Review* 38, no. 4 (1996): 8–30.

第八章

- The Boston Consulting Group. "Jazz vs. Symphony—A TED Animation," *BCG Perspectives*, October 24, 2014.

- Clarkeson, John. "Jazz vs. Symphony." *BCG Perspectives*, 1990.

- Torres, Roselinde, Martin Reeves, and Claire Love. "Adaptive Leadership." *BCG Perspectives*, December 13, 2010.

- von Oetinger, Bolko. "Leadership in a Time of Uncertainty." *BCG Perspectives*, 2002.

附錄 C　MAB模擬機制

　　透過模擬每種策略如何在不同商業環境中發揮作用，我們研究了策略調色板上每種策略的特徵和有效性。我們使用的環境模型，就是MAB模擬機制（multi-armed bandit〔MAB〕simulation model），可以完全掌握在不確定的情況之下，每種決策的經濟影響。因此，對這個問題不同的演算法解決方案就代表了調色板上的策略。

　　MAB模擬機制以決策理論中眾所周知的問題命名。在這個理論中，賭徒面臨的問題是選擇哪一台賭博機進行遊戲。遊戲過後，賭徒會得到一些關於某些機器派彩的資訊，但對其他資訊卻一無所知。因此，賭徒必須在部分已知以及完全未知之間做出選擇。這樣看來，這個問題可以作為拓展已知選擇和探索未知選擇之間平衡的理想模型，也可以作為在高度未知或不確定情況下測試策略的理想模型。

　　從技術角度來說，每台吃角子老虎（賭博機）在給出平均數和標準方差的情況下，都可以作為機率分配的模型。上述二個參數可能隨時間變化，不僅是獨立變化（例如，模擬隨時間變化的消耗情況或環境動態性），而且還可以應對一個或多個賭徒做出的選擇。當然，賭徒並不知道機率分配情況，但可以透過長時間學習，獲得可以從每台賭博機中獲得的價值。在我們的模型中，賭博機相當於一系列投資選擇，各種策略的獲利彼此獨立，且對於正在測試的策略來說也是未知的。

　　藉由改變模型參數，例如派彩分配的不確定性、分配變化帶來的機率和不確定性的變化、為因應投資行為分配變化程度以及投資成本等，我們可以完全模擬一系列商業環境。這裏要說明的是，不可預測性是透過在一段時間內派彩的不確定性模擬的；可塑性是在重複投資時派彩的變化進行模擬的；嚴苛性是當整體資源被限制時，所做改變的成本而模擬的。透過這種方式，經典型、適應型、願景型、塑造型及重塑型環境均可被模擬。

　　在多樣環境中競爭的策略，也可以被當成虛構的賭徒或策略家做出的選擇，其依據是賭徒或策略家之前投資所獲收益的訊息。推動這些選擇的演算法可以根據以下五種情況而變化：

1. 從之前的投資中獲得了多少資訊；
2. 如何衡量這些資訊；
3. 探索新選擇所需的時間和精力；
4. 投資部門支出的信念如何更新；
5. 策略集中並應用於首選投資選擇的速度。

　　透過這種方式，模擬不同的行為模式就成了可能，讓策略調色板五種策略的基礎更為堅實。

　　具體來說，**經典型策略**即為有限時間內探索後，集中用於首選投資選擇的模型。**適應型策略**即為透過持續分配部分投資探索隨機選擇的模型。**願景型策略**即為深入（多輪次）探索多種選擇後，集中用於首選選擇的模型，而**塑造型策略**模擬了對多種選擇進行週期性、持續性的深入探索模型。**重塑型策略**模擬了快速集中在有限時間內可發現的最佳選擇上的模型。

透過使策略在策略調色板上代表的多種環境中相互競爭，並驗證調色板上的標準策略實際上是最適合各自環境的策略，我們模擬了每種環境下，何種策略最為恰當（圖2）。

【圖2 五種核心策略的模擬（示意圖）】

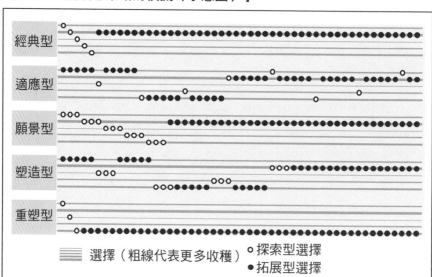

為了便於視覺呈現，我們以適度探索當成基準策略對比了各個策略：基準策略在每十輪中選擇一輪作為被測試的新選擇，即對探索的投資。其他情況下，基準策略都應用在當前最佳的策略上，而當前最佳策略透過之前十輪獲得的平均收穫決定，且前十輪的每一輪都會被追蹤。

同樣的模擬模型組成了本書所附應用的分析核心。讀者可以在這個應用中，透過在不同環境中經營一個檸檬汽水攤位，來學習在不同環境中採取不同的策略。

註

第一章

1. Rita G.Mc Grath, *The End of Competitive Advantage*: *How to Keep Your Strategy Moving as Fast as Your Business* (Boston: Harvard Business Review Press, 2013). (按：中譯本《瞬時競爭策略：快經濟時代的新常態》)

2. Martin Reeves, Claire Love, and Philipp Tillmanns, "Your Strategy Needs a Strategy", *Harvard Business Review*, September 2012.(按：〈你的策略有什麼策略〉是一篇文章，也是本書雛型)

3. The discussion of Mars throughout this book comes from Paul S. Michaels (MarsCEO), interview with authors, April 2014, and is supplemented by other sources where indicated.

4. Tata Consultancy Services, "Corporate Facts", About TCS, accessed May 7, 2014, www.tcs.com/about/corp_facts/Pages/default. aspx; Times Internet Limited, "Circuit of Glory", "Times of Tata", *Economic Times*, May 14,2014, http:// economictimes.indiatimes.com/timesoftata.cms.

. The discussion of Tata Consultancy Services (TCS) throughout this book comes from Natarajan Chandrasekaran (TCSCEO), interview with authors, June 2014, and is supplemented by others ources where indicated.

5. "Quintiles Named Preferred Providerin Phase I Market Report," *Wall Street Journal*, August 9, 2013, http://online.wsj.com/article/PR-CO-20130809-908208. html. The discussion of Quintiles throughout this book comes from Dennis Gillings (Gillingsfounder) and Tom Pike (Gillings CEO), interviews with authors, February–March 2014, and is supplemented by other sources where indicated.

6. Liu Jie, "Paying Price for Success in Commerce," *China Daily*, Biz Updates, February 3, 2014, www.chinadaily.com.cn/beijing/2014-02/03/content_17272245.

htm.

7. Sara Lepro, merican Express to Cut 7,000 Jobs, uffington Post Busines, November 25, 2011, www.huffingtonpost.com/2008/10/30/american-express-to-cut-7_n_139476.html.

第二章

1. David A. Kaplan, "Mars Incorporated: A Pretty Sweet Place to Work," *Fortune*, January 17, 2013, http://fortune.com/2013/01/17/mars-incorporated-a-pretty-sweet-place-to-work/.

2. For brand values, see Mars, "How We Work," Mars website, accessed May 8, 2014, www.masterfoodsconsumercare.co.uk/global/careers/how-we-work.aspx. (現為 http://www.mars.com/cis/en/careers/how-we-work.aspx) For U.S. ranking, see "Mars," *Forbes*, May 12, 2014, www.forbes.com/companies/mars/.

   The discussion of Mars throughout this book comes from Paul S. Michaels (Mars CEO), interview with authors, April 2014, and is supplemented by other sources where indicated.

3. Sebastian Joseph, "Cadbury and Mars Push to Boost Chocolate Sales in Slow Summer Months," *Marketing Week: News*, July 13, 2013, www.marketingweek.co.uk/news/cadbury-and-mars-push-to-boost-chocolate-sales-in-slow-summer-months/4007375.article.

4. Bruce D. Henderson, "The Product Portfolio," *BCG Perspectives*, 1970, www.bcgperspectives.com/content/classics/strategy_the_product_portfolio/.

5. BCG Strategy Institute, "Average Operating Margin 2007–2012." Analysis based on Compustat and CapitalIQ data.

6. David J. Lynch, "Thousands of Layoffs by DHL, ABX Air Hit Wilmington, Ohio," *USA Today*, December 15, 2008, http://usatoday30.usatoday.com/money/economy/2008-12-15-wilmington-dhl-abx-air-layoffs_N.htm.

7. Igor H. Ansoff, *Corporate Strategy. An Analytic Approach to Business Policy for Growth and Expansion* (New York: McGraw-Hill, 1965).

8. Bruce D. Henderson, "The Experience Curve," *BCG Perspectives*, 1968, www.bcgperspectives.com/content/classics/strategy_the_experience_curve/.

9. Henderson, "The Product Portfolio."

10. Richard Lochridge, "Strategy in the 1980s," *BCG Perspectives*, 1981, www.bcgperspectives.com/content/classics/strategy_strategy_in_the_1980s/.

11. Michael Porter, "How Competitive Forces Shape Strategy," *Harvard Business Review*, March–April 1979, 137–145.

12. Birger Wernerfelt, "A Resource-Based View of the Firm," *Strategic Management Journal* 5 (1984): 171–180; Jay Barney, "Firm Resources and Sustained Competitive Advantage," *Journal of Management* 17, no. 1 (1991): 99–120; C. K. Prahalad and Gary Hamel, "The Core Competence of the Corporation," *Harvard Business Review*, May–June 1990.

13. George Stalk, Philip Evans, and Lawrence E. Shulman, "Competing on Capabilities: The New Rules of Corporate Strategy," *Harvard Business Review*, March–April 1992.

14. Bob Cramer, "With Developed Markets Reaching Maturity and Emerging Markets Slowing Down, What Will Drive Future Growth?" *Bidness Etc.*, February 5, 2014, www.bidnessetc.com/business/the-household-and-personal-products-industry-dark-clouds-on-the-horizon/.

15. Ivan Marten and Andrew Mack, "The European Power Sector: Only the Nimble Will Survive," *BCG Perspectives*, March 2013, www.bcgperspectives.com/content/articles/energy_environment_european_power_sector_only_nimble_will_thrive/.

16. Frank Klose and Jonas Prudlo, "Flexibilization: The New Paradigm in Power Generation," *BCG Perspectives*, June 2013, www.bcgperspectives.com/content/articles/energy_environment_flexibilization_new_paradigm_in_power_generation/; Cornelius Pieper et al., "Solar PV Plus Battery Storage: Poised for Takeoff," *BCG Perspectives*, July 2013, www.bcgperspectives.com/content/articles/energy_environment_solar_pv_plus_battery_storage_poised_for_takeoff/ ; Deutsche Telekom, "QIVICON Wins Innovation Prize and Gains New Partners," Qivicon: Media Information, September 7, 2014, www.qivicon.com/en/meta/media-relations/qivicon-wins-innovation-prize-and-gains-new-partners/.

17. Jack Welch, *Winning* (New York: Harper Business, 2004).（按：中譯本《致勝：威爾許給經理人的二十個建言》）

18. William Reed Business Media SAS, "Inside Quintiles: The World's Largest CRO," *Outsourcing Pharma*, July 29, 2013, www.outsourcing-pharma.com/Clinical-Development/Inside-Quintiles-The-World-s-Largest-CRO.

.　The discussion of Quintiles throughout this book comes from Dennis Gillings (Quintiles founder) and Tom Pike (Quintiles CEO), interviews with authors, February–March 2014, and is supplemented by other sources where indicated.

19. Michael Porter, "What Is Strategy?" *Harvard Business Review*, November 1, 1996.

20. Deutsche Bahn, "Competition Report 2013," 2013, 6–23.

21. Diageo, "Reserve: Leading Growth in Luxury Spirits," investor conference transcript, November 2013, www.diageo.com/en-row/investor/Pages/resource. aspx?resourceid=1600.

22. The discussion of Huawei throughout this book comes from Guo Ping (Huawei CEO), interview with authors, March 2014, and is supplemented by other sources where indicated.

23. Nathaniel Ahrens, "China's Competitiveness: Myth, Reality, and Lessons for the United States and Japan: Case Study: Huawei," Center for Strategic and International Studies, Washington DC, 2013.

24. Michael J. Silverstein et al., *The $10 Trillion Prize: Captivating the Newly Affluent in China and India* (Boston: Harvard Business Review Press, 2012).

25. Will Connors and Devon Maylie, "Nigeria Gives Huawei a Place to Prove Itself," *Wall Street Journal*, September 12, 2011, http://online.wsj.com/news/articles/SB100 01424053111904279004576524742374778386.

26. Henderson, "The Product Portfolio"; Bruce D. Henderson, "The Rule of Three and Four," *BCG Perspectives*, 1976, www.bcgperspectives.com/content/Classics/ strategy_the_rule_of_three_and_four/; Martin Reeves, Mike Deimler, and George Stalk, "BCG Classics Revisited: The Rule of Three and Four," *BCG Perspectives*, December 2012, www.bcgperspectives.com/content/articles/business_unit_ strategy_the_rule_of_three_and_four_bcg_classics_revisited/.

27. John A. Byrne, "How Jack Welch Runs GE," *BusinessWeek*, June 8, 1998, www. businessweek.com/1998/23/b3581001.htm.

28. Henderson, "The Experience Curve."

29. Barney Jopson, "P&G Chief AG Lafley Promotes Four Executives to Head Major Units," *Financial Times*, June 5, 2013, www.ft.com/intl/cms/s/0/d0579dc2-ce2e-11e2-8313-00144feab7de.html?siteedition=intl#axzz3DUT2FjD3.

30. The discussion of Mahindra throughout this book comes from Anand Mahindra (Mahindra CEO), interview with authors, June 2014, and is supplemented by other sources where indicated.

31. Shell International BV, "Chairman's Message," Annual Report 2012: Our Business, accessed May 7, 2014, http://reports.shell.com/annual-report/2012/businessreview/ ourbusinesses/chairmansmessage.php.

32. Shell International, "Introduction from the CEO," Sustainability Report 2012, accessed May 7, 2014, http://reports.shell.com/sustainability-report/2012/

introduction.html.

33. The discussion of Mylan throughout this book comes from Heather Bresch(Mylan CEO), interview with authors, April 2014, and is supplemented by other sources where indicated.

34. Diageo, "Diageo Opens Its New Customer Collaboration Centre," Diageo, Our Brands website, accessed May 12, 2014, www.diageo.com/en-row/ourbrands/ infocus/Pages/CustomerCollaborationCentre.aspx.

35. Goodreads, "Peter F. Drucker," *Quotes*, May 8, 2014, www.goodreads.com/author/ quotes/12008.Peter_F_Drucker.

36. MastersInDataScience.org, "Data Science in Retail," May 17, 2014, www. mastersindatascience.org/industry/retail/; James L. McKenney and Theodore H. Clark, "Procter & Gamble: Improving Consumer Value Through Process Redesign," Case 195126 (Boston: Harvard Business School, March 31, 1995).

37. Quintiles, "Where We Are: Locations," May 8, 2014, www.quintiles.com/locations/.

38. Amir Hartman, "The Competitor: Jack Welch's Burning Platform," *Financial Times Press*, September 5, 2003, www.ftpress.com/articles/article. aspx?p=100665&seqNum=5.

39. Kaplan, "Mars Incorporated."

40. The discussion of Pfizer throughout this book comes from Ian Read (Pfizer CEO), interviews with authors, February–March 2014, and is supplemented by other sources where indicated.

41. Andrew Ward, "Pfizer Break-up May Follow AstraZeneca Deal," *Financial Times*, May 4, 2014, www.ft.com/intl/cms/s/0/ba383d00-d399-11e3-b0be-00144feabdc0.ht ml?siteedition=intl#axzz31X8zJqbT.

42. Jim Collins, "The 10 Greatest CEOs of All Time," Jim Collins website, July 21, 2003, www.jimcollins.com/article_topics/articles/10-greatest.html.

第三章

1. The discussion of Tata Consultancy Services (TCS) throughout this book comes from Natarajan "Chandra" Chandrasekaran (TCS CEO), interview with authors, June 2014, and is supplemented by other sources where indicated.

2. See the following Tata Consultancy Services documents, all accessed May 7, 2014: "Corporate Facts," www.tcs.com/about/corp_facts/Pages/default.aspx; "Innovation Brochure," www.tcs.com/SiteCollectionDocuments/Brochures/Innovation-Brochure-0513-1.pdf; Tata Consultancy Services Facebook page, www.facebook.

com/Corporate.Learnings/posts/571975139536810?stream_ref=5.

3. Natarajan Chandrasekaran, e-mail message to authors, May 20, 2014.

4. Chaitanya Kalbag and Goutam Das, "The Whole Organisation Is Pumped Up and I Have to Keep That Going," *Business Today*, November 10, 2013, http://businesstoday.intoday.in/story/bt-500tcs-ceo-natarajan-chandrasekaran-interview/1/199788.html.

5. Tata Consultancy Services, "Annual Report 2009–10," accessed May 6, 2014.

6. Shishir Prasad, "TCS' N Chandrasekaran: Planet of the Apps," *Forbes India*, October 10, 2012, http://forbesindia.com/printcontent/33871.

7. Saritha Rai, "India's TCS Becomes the World's Second Most Valuable IT Services Firm," Forbes, September 13, 2013, www.forbes.com/sites/saritharai/2013/09/13/indias-tcs-is-second-most-valuable-it-services-firm-globally/.

8. Daniel Pantaleo and Nirmal Pal, *From Strategy to Execution: Turning Accelerated Global Change into Opportunity* (Berlin: Springer, 2008), 10.

9. The discussion of Zara and Inditex throughout this book comes from Zara senior management, correspondence with authors, June 2014.

10. Greg Petro, "The Future of Fashion Retailing: The Zara Approach, Part 2 of 3," *Forbes*, October 25, 2012, www.forbes.com/sites/gregpetro/2012/10/25/the-future-of-fashion-retailing-the-zara-approach-part-2-of-3/; Unique Business Strategies, "The Story of Zara: The Speeding Bullet," *The Strategist's Choice*, May 12, 2014, www.uniquebusinessstrategies.co.uk/pdfs/case%20studies/zarathespeedingbullet.pdf.

11. Nelson M. Fraiman, "Zara," Columbia Business School, Case 080204, New York, May 13, 2014.

12. Seth Stevenson, "Polka Dots Are In? Polka Dots It Is!: How Zara Gets Fresh Styles to Stores Insanely Fast—Within Weeks," *Slate: Operations*, June 21, 2012, www.slate.com/articles/arts/operations/2012/06/zara_s_fast_fashion_how_the_company_gets_new_styles_to_stores_so_quickly.html.

13. Henry Mintzberg, "Patterns in Strategy Formation," *Management Science* 24, no. 9 (1978): 934–948.

14. Richard Nelson and Sidney Winter, *An Evolutionary Theory of Economic Change* (Cambridge, MA: Belknap Press, 1985); George Stalk, "Time: The Next Source of Competitive Advantage," *Harvard Business Review*, July–August 1988.

15. Charles Fine, *Clockspeed: Winning Industry Control in the Age of Temporary*

Advantage (New York: Basic Books, 1999); Kathleen M. Eisenhardt and Donald N. Sull, "Strategy as Simple Rules," *Harvard Business Review*, January 2001; Rita Gunther McGrath and Ian C. MacMillan, "Discovery Driven Planning: Turning Conventional Planning on Its Head," *DeepCanyon*, August 1999.

16. Martin Reeves and Mike Deimler, "Adaptability: The New Competitive Advantage," *Harvard Business Review*, August 2011; Reeves and Deimler, *Adaptive Advantage*.

17. BCG Strategy Institute analysis, "Increasing Unpredictability of Returns 1950–2010," calculated as average five-year rolling standard deviation of percent firm market capitalization growth by sector, weighted by firm market capitalization for all public US companies, based on Compustat data.

18. Paul Bjacek, "Commodities Volatility: It May Not Go Away Soon!" *Accenture*, February 10, 2012, www.accenture.com/us-en/blogs/cnr/archive/2012/02/10/Commodities-volatility.aspx.

19. Informa Australia, "BHP Billiton: Flexibility Needed in Mining Industry," *Mining and Resources*, September 27, 2013, http://informaaustralia.wordpress.com/2013/09/27/bhp-billiton-flexibility-needed-in-mining-industry/.

20. Nathan Bennett, "What VUCA Really Means for You," *Harvard Business Review*, January–February 2014.

21. Martin Reeves et al., "Signal Advantage," *BCG Perspectives*, February 2010.

22. James Sterngold, "New Japanese Lesson: Running a 7-11," *New York Times*, May 9, 1991, www.nytimes.com/1991/05/09/business/new-japanese-lesson-running-a-7-11.html.

23. Donald Rumsfeld, "Donald Rumsfeld Unknown Unknowns!" YouTube, August 7, 2009, www.youtube.com/watch?v=GiPe1OiKQuk.

24. Standing Committee to Review the Research Program of the Partnership for a New Generation of Vehicles, *Review of the Research Program of the Partnership for a New Generation of Vehicles* (Washington, DC: National Academy Press, 2001).

25. Toyota Motor Sales USA, "Worldwide Sales of Toyota Hybrids Top 6 Million Units," news release, January 14, 2014, http://corporatenews.pressroom.toyota.com/releases/worldwide+toyota+hybrid+sales+top+6+million.htm; Henk Bekker, "Most-Popular Japanese Passenger Vehicle Brands and Cars," 2009 Full Year List of Top 10 Best-Selling Cars in Japan, June 20, 2011, www.best-selling-cars.com/japan/2009-full-year-list-of-top-10-best-selling-cars-in-japan/.

26. Andy Serwer, "Larry Page on How to Change the World," *Fortune*, April 29, 2008,

http://archive.fortune.com/2008/04/29/magazines/fortune/larry_page_change_the_world.fortune/index.htm.

27. Josh Halliday, "Google+ Launch: Search Giant Closes 10 Products," *Guardian* (London and Manchester), September 5, 2011, www.theguardian.com/technology/2011/sep/05/google-plus-launch-closes; Bharat Mediratta, "The Google Way: Give Engineers Room," *New York Times*, October 21, 2007, www.nytimes.com/2007/10/21/jobs/21pre.html?_r=0.; Christopher Mims, "Google's '20% Time,' Which Brought You Gmail and AdSense, Is Now as Good as Dead," Quartz, August 16, 2013, http://qz.com/115831/googles-20-time-which-brought-you-gmail-and-adsense-is-now-as-good-as-dead/.

28. Miltiadis D. Lytras, Ernesto Damiani, and Patricia Ordóñez de Pablos, *Web 2.0: The Business Model* (Berlin: Springer, 2008); Martin Reeves, Henri Salha, and Marcus Bokkerink, "Simulation Advantage," *BCG Perspectives*, August 4, 2010, https://www.bcgperspectives.com/content/articles/strategy_consumer_products_simulation_advantage/.

29. Halliday, "Google+ Launch."

30. The discussion of Telenor throughout this book comes from Jon Fredrik Baksaas (Telenor CEO), interview with authors, June 2014, and is supplemented by other sources where indicated.

31. Lillian Goleniewski, *Telecommunications Essentials: The Complete Global Source for Communications Fundamentals, Data Networking and the Internet, and Next-Generation Networks* (Boston: Addison-Wesley Professional, 2002).

32. Telenor Group, "Telenor Digital," Our Business, accessed June 5, 2014, www.telenor.com/about-us/our-business/telenor-digital/.

33. Randall Stross, "So You're a Good Driver? Let's Go to the Monitor," New York Times, November 25, 2012, www.nytimes.com/2012/11/25/business/seeking-cheaper-insurance-drivers-accept-monitoring-devices.html?_r=1&adxnnl=1&adxnnlx=1410959757-PWjgA23/PwV/7Lj2mrSMgA.

34. Morningstar, "Q1 2012 Earnings Call Transcript," Morningstar, June 14, 2012, www.morningstar.com/earnings/39922695-progressive-corporation-pgr-q1-2012.aspx.

35. Leslie Brokaw, "In Experiments We Trust: From Intuit to Harrah's Casinos," *MIT Sloan Management Review*, March 3, 2011, http://sloanreview.mit.edu/article/in-experiments-we-trust-from-intuit-to-harrahs-casinos/.

36. Erik Brynjolfsson and Michael Schrage, "The New, Faster Face of Innovation:

Thanks to Technology, Change Has Never Been So Easy or So Cheap," *New York Times*, August 17, 2009, http://online.wsj.com/news/articles/SB1000142405297020 48303045741308201842 60340.

37. Halliday, "Google+ Launch."

38. Martin Reeves, Yves Morieux, and Mike Deimler, "People Advantage," *BCG Perspectives*, March 2010, www.bcgperspectives.com/content/articles/strategy_ engagement_culture_people_advantage.

39. Hal Gregersen, "How Intuit Innovates by Challenging Itself," *Harvard Business Review Blog Network*, February 6, 2014, http://blogs.hbr.org/2014/02/how-intuit-innovates-by-challenging-itself/.

40. Robert I. Sutton and Huggy Rao, "When Subtraction Adds More," *BusinessWeek*, February 11, 2014, www.businessweek.com/articles/2014-02-11/when-subtraction-adds-more.

41. Robert Safian, "The Secrets of Generation Flux," *Fast Company*, November 2012, www.fastcompany.com/3001734/secrets-generation-flux.

42. Seth Weintraub, "Apple Acknowledges Use of Corning Gorilla Glass on iPhone, Means Gorilla Glass 2 Likely for iPhone 5," *9to5Mac*, March 2, 2012, http://9to5mac.com/2012/03/02/apple-acknowledges-use-of-corning-gorilla-glass-on-iphone-means-gorilla-glass-2-likely-for-iphone-5/.

43. Reed Hastings, "Netflix Culture: Freedom and Responsibility," *Slideshare*, August 1, 2009, www.slideshare.net/reed2001/culture-1798664.

44. Yahoo!, "Netflix: Historical Prices," *Yahoo! Finance*, May 20, 2014, https://uk.finance.yahoo.com/q/hp?s=NFLX&a=00&b=01&c=2009&d=11&e=31&f=2009&g=d&z=66&y=198; Tom Huddleston Jr., "Netflix Is Gobbling Up Internet Traffic, Study Finds," *Fortune*, May 14, 2014, http://fortune.com/2014/05/14/netflix-is-gobbling-up-internet-traffic-study-finds/.

45. Hastings, "Netflix Culture," 80.

46. 3M, "McKnight Principles," 3M Company website, History page, accessed May 11, 2014, http://solutions.3m.com/wps/portal/3M/en_US/3M-Company/Information/Resources/History/?PC_Z7_RJH9U52300V200IP896S2Q3223000000_ assetId=1319210372704.

47. Alec Foege, "The Trouble with Tinkering Time," *Wall Street Journal*, January 18, 2013, http://online.wsj.com/news/articles/SB100014241278873234686045782460 70515298626.

48. Eric von Hippel, Stefan Thomke, and Mary Sonnack, "Creating Breakthroughs at

3M," *Harvard Business Review*, September 1999.

第四章

1. The discussion of Quintiles throughout this book comes from Dennis Gillings(Quintiles founder) and Tom Pike (Quintiles CEO), interviews with authors, February–March 2014, and is supplemented by other sources where indicated. See also Matthew Herper, "The Next Billionaire: A Statistician Who Changed Medicine," *Forbes*, May 8, 2013, http://www.forbes.com/sites/matthewherper/2013/05/08/the-next-billionaire-a-statistician-who-changed-medicine/.

2. Quintiles, "Investor Overview," May 8, 2014, http://investors.quintiles.com/investors/investor-overview/default.aspx; Matthew Herper, "Money, Math and Medicine," *Forbes*, November 3, 2010, www.forbes.com/forbes/2010/1122/private-companies-10-quintiles-dennis-gillings-money-medicine.html.

3. TED Conferences, "Alan Kay," TED Speaker, May 17, 2014, www.ted.com/speakers/alan_kay.

4. Gary Hamel, "Bringing Silicon Valley Inside," *Harvard Business Review*, September 1999.

5. The discussion of 23andMe throughout this book comes from Anne Wojcicki(23andMe founder and CEO), interview with authors, February 2014, and is supplemented by other sources where indicated.

6. Genomeweb, "23andMe Raises $50M in Series D Financing," Genomeweb, December 11, 2012, www.genomeweb.com/clinical-genomics/23andme-raises-50m-series-d-financing.

7. Aaron Krol, "J. Craig Venter's Latest Venture Has Ambitions Across Human Lifespan," *Bio IT World*, March 4, 2014, www.bio-itworld.com/2014/3/4/j-craig-venters-latest-venture-ambitions-across-human-lifespan.html.

8. Ibid.

9. Anita Hamilton, "1. The Retail DNA Test," Invention of the Year, *Time*, October 29, 2008, http://content.time.com/time/specials/packages/article/0,28804,1852747_1854493,00.html.

10. Elizabeth Murphy, "Inside 23andMe Founder Anne Wojcicki's $99 DNA Revolution," *Fast Company*, October 14, 2013, www.fastcompany.com/3018598/for-99-this-ceo-can-tell-you-what-might-kill-you-inside-23andme-founder-anne-wojcickis-dna-r.

11. Jemima Kiss, "23andMe Admits FDA Order 'Significantly Slowed Up' New Customers," *Guardian* (London and Manchester), March 9, 2014, www.theguardian.com/technology/2014/mar/09/google-23andme-anne-wojcicki-genetics-healthcare-dna.

12. Robert Langreth and Matthew Herper, "States Crack Down on Online Gene Tests," *Forbes*, April 18, 2008, www.forbes.com/2008/04/17/genes-regulation-testing-biz-cx_mh_bl_0418genes.html; Andrew Pollack, "F.D.A. Orders Genetic Testing Firm to Stop Selling DNA Analysis Service," *New York Times*, November 25, 2013, www.nytimes.com/2013/11/26/business/fda-demands-a-halt-to-a-dna-test-kits-marketing.html; US Food And Drug Administration, "23andMe, Inc. 11/22/13," Inspections, Compliance, Enforcement, and Criminal Investigations, November 22, 2013, www.fda.gov/ICECI/EnforcementActions/WarningLetters/2013/ucm376296.htm.

13. Alison Sander, Knut Haanaes, and Mike Deimler, "Megatrends: Tailwinds for Growth in a Low-Growth Environment," *BCG Perspectives*, May 2010, www.bcgperspectives.com/content/articles/managing_two_speed_economy_growth_megatrends/.

14. W. Chan Kim and Renée Mauborgne, "Blue Ocean Strategy: How to Create Uncontested Market Space and Make the Competition Irrelevant," Harvard Business Review, October 2004; Gary Hamel and C.K. Prahalad, Competing for the Future (Boston: Harvard Business Review Press, 1996); Joseph L. Bower and Clayton M. Christensen, "Disruptive Technologies: Catching the Wave," *Harvard Business Review*, January–February 1995; Martin Reeves, George Stalk, and Jussi Lehtinen, "Lessons from Mavericks: Staying Big by Acting Small," *BCG Perspectives*, June 2013.

15. United Parcel Service of America, "About UPS," UPS website, accessed May 15, 2014, www.ups.com/content/us/en/about/index.html?WT.svl=SubNav.

16. United Parcel Service of America, "1991–1999: Embracing Technology," History, UPS website, accessed May 15, 2014, www.ups.com/content/ky/en/about/history/1999.html?WT.svl=SubNav.

17. Martin Reeves, "UPS: Big Bet Vision," case study of the US freight market, India Strategy Summit, Mumbai, August 22, 2014.

18. United Parcel Service of America, "Enabling E-Commerce," Business Solutions, UPS website, accessed May 15, 2014, www.ups.com/content/us/en/bussol/browse/ebay.html.

19. Reeves, "UPS: Big Bet Vision."

20. Eric T. Wagner, "Five Reasons 8 out of 10 Businesses Fail," *Forbes*, September 12, 2013, www.forbes.com/sites/ericwagner/2013/09/12/five-reasons-8-out-of-10-businesses-fail/.

21. Murphy, "Inside 23andMe founder Anne Wojcicki's $99 DNA Revolution."

22. Stephen Nale, "The 100 Greatest Steve Jobs Quotes," Complex, October 5, 2012, www.complex.com/pop-culture/2012/10/steve-jobs-quotes/.

23. Intuitive Surgical, "Company Profile," Intuitive Surgical website, accessed May 11, 2014, www.intuitivesurgical.com/company/profile.html. The discussion of Intuitive Surgical throughout this book comes from an interview by the authors in April 2014 with the company's management; and BCG, "Meet the Mavericks," joint seminar at Strategic Management Society Conference, Geneva, March 2013, and is supplemented by other sources where indicated.

24. Intuitive Surgical, "Annual Report 2013."

25. Jay P. Pederson, *International Directory of Company Histories: General Electric Company*, vol. 137 (Detroit: St. James Press, 2012).

26. Trevor Butterworth, "The Fifth Wave of Computing," *Forbes*, June 6, 2010, www.forbes.com/2010/06/29/computing-technology-internet-media-opinions-columnists-trevor-butterworth.html. The discussion of Mobiquity throughout this book comes from Scott Snyder (Mobiquity cofounder and president), interview with authors, February 2014, and is supplemented by other sources where indicated.

27. Peter Cohan, "Mobiquity's Founder and CEO Bill Seibel Is Unstoppable," *Forbes*, July 17, 2013, www.forbes.com/sites/petercohan/2013/07/17/mobiquitys-founder-and-ceo-bill-seibel-is-unstoppable/.

28. Cohan, "Mobiquity's Founder and CEO."

29. The Henry Ford, "Henry Ford's Quotations," March 12, 2013, http://blog.thehenryford.org/2013/03/henry-fords-quotations/.

30. Michael Karnjanaprakorn, "Take a Bill Gates-Style 'Think Week' to Recharge Your Thinking," Lifehacker, October 22, 2012, http://lifehacker.com/5670380/the-power-of-time-off.

31. Adrian Covert, "Facebook Buys WhatsApp for $19 Billion," *CNN Money*, February 19, 2014, http://money.cnn.com/2014/02/19/technology/social/facebook-whatsapp/.

32. Kevin Baldacci, "7 Lessons You Can Learn from Jeff Bezos About Serving the Customer," Salesforce Desk, June 6, 2013, www.desk.com/blog/jeff-bezos-lessons/.

33. Jim Davis, "TiVo Launches 'Smart TV' Trial," *CNET*, December 22, 1998, http://news.cnet.com/TiVo-launches-smart-TV-trial/2100-1040_3-219409.html.

34. Dominic Gates, "Seattle's Flexcar Merges with Rival Zipcar," *Seattle Times*, October 30, 2007, http://community.seattletimes.nwsource.com/archive/?date=200 71030&slug=flexcar31; Bernie DeGroat, "Hitchin' a Ride: Fewer Americans Have Their Own Vehicle," *Michigan News*, January 23, 2014, http://ns.umich.edu/new/releases/21923-hitchin-a-ride-fewer-americans-have-their-own-vehicle.

35. Jay P. Pedersen, *International Directory of Company Histories: Groupe Louis Dreyfus S.A. History*, vol. 60 (Detroit: St. James Press, 2004); BCG, "Meet the Mavericks," joint seminar at Strategic Management Society Conference, Geneva, March 2013.

36. Clare O'Connor, "Amazon's Wholesale Slaughter: Jeff Bezos' $8 Trillion B2B Bet," *Forbes*, May 7, 2014, www.forbes.com/sites/clareoconnor/2014/05/07/amazons-wholesale-slaughter-jeff-bezos-8-trillion-b2b-bet/.

37. Richard Harroch, "50 Inspirational Quotes for Startups and Entrepreneurs," *Forbes*, February 10, 2014, www.forbes.com/sites/allbusiness/2014/02/10/50-inspirational-quotes-for-startups-and-entrepreneurs/4/.

第五章

1. Novo Nordisk, "The Blueprint for Change Programme: Changing Diabetes in China," *Sustainability*, February, 2011, www.novonordisk.com/images/Sustainability/PDFs/Blueprint%20for%20change%20-%20China.pdf. The discussion of Novo Nordisk throughout this book is from written correspondence by the authors in July 2014 with Novo Nordisk senior management and is supplemented by other sources where indicated.

2. PharmaBoardroom, "Interview with Lars Rebien Sørensen, CEO, Novo Nordisk," *PharmaBoardroom*, April 30, 2013, http://pharmaboardroom.com/interviews/interview-with-lars-rebien-s-rensen-president-ceo-novo-nordisk.

3. China Daily Information, "Diabetes in China May Reach Alert Level," China Daily USA, September 4, 2013, http://usa.chinadaily.com.cn/china/2013-09/04/content_16941867.htm; International Diabetes Federation, "IDF Diabetes Atlas," accessed May 16, 2014, www.idf.org/sites/default/files/DA6_Regional_factsheets_0.pdf.

4. Novo Nordisk, "Changing Diabetes," Novo Nordisk School Challenge, accessed May 17, 2014, http://schoolchallenge.novonordisk.com/diabetes/novo-nordisk-

changing-diabetes.aspx.

5. Novo Nordisk, "Blueprint for Change Programme," 8.

6. PharmaBoardroom, "Interview with Lars Rebien Sørensen."

7. Novo Nordisk, "Blueprint for Change Programme."

8. Ibid.; Novo Nordisk, "Novo Nordisk Expands R&D Centre in China," Novo Nordisk News, August 3, 2004, www.novonordisk.com/press/news/chinese_r_and_d.asp.

9. Novo Nordisk, "Blueprint for Change Programme," 3.

10. PharmaBoardroom, "Interview with Lars Rebien Sørensen."

11. Bruce D. Henderson, "The Origin of Strategy," Harvard Business Review, November 1989.

12. Edward R. Freeman, *Strategic Management: A Stakeholder Approach* (Boston: Pitman, 1984).

13. James F. Moore, *The Death of Competition: Leadership and Strategy in the Age of Business Ecosystems* (New York: Harper Business Press, 1996); Marco Iansiti and Roy Levien, *The Keystone Advantage: What the New Dynamics of Business Ecosystems Mean for Strategy, Innovation, and Sustainability* (Boston: Harvard Business School Press, 2004); Simon Levin, *Fragile Dominion: Complexity and the Commons* (New York: Basic Books, 2000); Adam M. Brandenburger and Barry J. Nalebuff, Co-opetition (New York: Currency Doubleday, 1996).

14. Philip Evans and Tom Wurster, *Blown to Bits: How the New Economics of Information Transforms Strategy* (Boston: Harvard Business School Press, 1999); Martin Reeves and Alex Bernhardt, "Systems Advantage," *BCG Perspectives*, June 2011, www.bcgperspectives.com/content/articles/future_strategy_strategic_planning_systems_advantage/; Martin Reeves, Thijs Venema, and Claire Love, "Shaping to Win," *BCG Perspectives*, October 2013, www.bcgperspectives.com/content/articles/business_unit_strategy_corporate_strategy_portfolio_management_shaping_to_win/.

15. Henry Chesbrough, "Open Innovation: The New Imperative for Creating Profit from Technology," *Academy of Management Perspectives* 20, no. 2 (2006): 86–88; C. K. Prahalad and Venkat Ramaswamy, *The Future of Competition: Co-creating Unique Value with Customers* (Boston: Harvard Business School Press, 2004).

16. Christopher Null, "The End of Symbian: Nokia Ships Last Handset with the Mobile OS," *PC World*, June 14, 2013, www.pcworld.com/article/2042071/the-end-of-symbian-nokia-ships-last-handset-with-the-mobile-os.html.

17. Nathan Ingraham, "Apple Announces 1 Million Apps in the App Store, More than 1 Billion Songs Played on iTunes radio," *Verge*, October 22, 2013, www.theverge.com/2013/10/22/4866302/apple-announces-1-million-apps-in-the-app-store.

18. BBC, "Nokia at Crisis Point, Warns New Boss Stephen Elop," *BBC News: Technology*, February 9, 2011, www.bbc.co.uk/news/technology-12403466; Chris Ziegler, "Nokia CEO Stephen Elop Rallies Troops in Brutally Honest 'Burning Platform' Memo? (Update: It's Real!)," *Endgaget*, February 8, 2011, www.engadget.com/2011/02/08/nokia-ceo-stephen-elop-rallies-troops-in-brutally-honest-burnin/.

19. Mark Scott, "Nokia Announces New Strategy, and a New Chief to Carry It Out," *New York Times*, April 29, 2014, www.nytimes.com/2014/04/30/technology/nokia-announces-new-strategy-and-chief-executive.html?_r=0.

20. Justin Smith, "Facebook Platform Payment Providers Report Strong Growth in Q1," *Inside Facebook*, April 14, 2009, www.insidefacebook.com/2009/04/14/facebook-platform-payment-providers-report-strong-growth-in-q1/.

21. Julie Bort, "It's Official: Red Hat Is the First Open Source Company to Top $1 Billion a Year," Business Insider, March 28, 2012, www.businessinsider.com/its-official-red-hat-becomes-the-first-1-billion-open-source-company-2012-3. The discussion of Red Hat throughout this book comes from Jim Whitehurst (Red Hat CEO), interview with authors, February 2014, and is supplemented by other sources where indicated.

22. Red Hat, "Our Mission," Red Hat website, accessed September 18, 2014, www.redhat.com/en/about/company.

23. Yahoo!, "Red Hat Inc.," *Yahoo! Finance*, September 18, 2014, https://uk.finance.yahoo.com/q/hp?s=RHT&b=11&a=00&c=2008&e=16&d=11&f=2008&g=d.

24. Facebook, "Facebook Platform Migrations," Facebook website, accessed May 23, 2014, https://developers.facebook.com/docs/apps/migrations.

25. Apple, "iTunes Charts," Paid Apps, accessed September 18, 2014, www.apple.com/uk/itunes/charts/paid-apps/; Greg Kumparak, "Apple Announces Top 10 iPhone App Downloads of 2008," *Tech Crunch*, December 2, 2008, http://techcrunch.com/2008/12/02/apple-announces-top-10-iphone-app-downloads-of-2008/.

26. Ian Urbina and Keith Bradsher, "Linking Factories to the Malls, Middleman Pushes Low Costs," *New York Times*, August 7, 2013, www.nytimes.com/2013/08/08/world/linking-factories-to-the-malls-middleman-pushes-low-costs.html?_r=0; Fung

Group, "Supply Chain Management," Fung Group Research, accessed September 18, 2014, www.funggroup.com/eng/knowledge/research.php?report=supply; Fung Group, "Who We Are," Fung Group website, September 3, 2014, www.funggroup.com/eng/about/.

27. "The World's Greatest Bazaar: Alibaba, a Trailblazing Chinese Internet Giant, Will Soon Go Public," *Economist*, May 23, 2013, www.economist.com/news/briefing/21573980-alibaba-trailblazing-chinese-internet-giant-will-soon-go-public-worlds-greatest-bazaar. The discussion of Alibaba throughout this book comes from Ming Zeng (Alibaba CSO), interview with authors, March 2014, and is supplemented by other sources where indicated.

28. Alexa Internet, "The Top 500 Sites on the Web," Alexa website, accessed September 18, 2014, www.alexa.com/topsites.

29. Stephen Gandel, "What Time Is the Alibaba IPO?" *Fortune*, September 17, 2014, http://fortune.com/2014/09/17/what-time-is-the-alibaba-ipo/.

30. "The World's Greatest Bazaar."

31. Christina Bonnington, "Apple's Developer Conference, WWDC, Has Grown into a Disaster," Wired, April 29, 2013, www.wired.co.uk/news/archive/2013-04/29/wwdc-is-too-big.

32. Google, "Google I/O 2013," Developers home page, accessed May 5, 2014, https://developers.google.com/events/io/.

33. Adam Bryant, "The Memo List: Where Everyone Has an Opinion," *New York Times*, March 10, 2012, www.nytimes.com/2012/03/11/business/jim-whitehurst-of-red-hat-on-merits-of-an-open-culture.html?pagewanted=all.

第六章

1. HSN Consultants, Inc., "Global Cards," *Nilson Report*, 2008, http://www.nilsonreport.com/publication_chart_and_graphs_archive.php. The discussion of American Express throughout this book comes from Ken Chenault (American Express CEO), interview with authors, April 2014, and is supplemented by other sources where indicated.

2. Michael Barbaro and Louis Uchitelle, "Americans Cut Back Sharply on Spending," *New York Times*, January 14, 2008, www.nytimes.com/2008/01/14/business/14spend.html?pagewanted=all&_r=0.

3. Sara Lepro, "Amer ican Express to Cut 7,000 Jobs," *Huffington Post Business*, November, 25, 2011, www.huffingtonpost.com/2008/10/30/american-express-to-

cut-7_n_139476.html.

4. Peter Eichenbaum, "American Express Marketing Cuts May 'Cheat' Brand(Update2)," *Bloomberg*, August 6, 2009, www.bloomberg.com/apps/news?pid=newsarchive&sid=a2Y3p_tL_J1A.

5. Yahoo!, "Historical Prices: American Express Company," *Yahoo! Finance*, May 21, 2014, http://finance.yahoo.com/q/hp?s=AXP&a=11&b=1&c=2009&d=00&e=2&f=2010&g=d.

6. Ibid.

7. Kenneth I. Chenault, "American Express Chairman & CEO Key Remarks," Bank of America Merrill Lynch 2009 Banking and Financial Services Conference, New York, November 10, 2009.

8. Ibid.

9. Peter Eavis, "Kenneth Chenault's Crisis Years," *New York Times*, December 18, 2012, http://dealbook.nytimes.com/2012/12/18/kenneth-chenaults-crisis-years/?_php=true&_type=blogs&_r=0.

10. American Express Company, "American Express Announces 2008 Membership Rewards(R) Program Partner Lineup," Investor Relations, May 22, 2008, http://ir.americanexpress.com/Mobile/file.aspx?IID=102700&FID=6134500.

11. Chenault, "Key Remarks."

12. Robert S. Kaplan and William J. Bruns, *Accounting and Management: A Field Study Perspective* (Boston: Harvard Business Review Press, 1987); Michael Hammer and James A. Champy, *Reengineering the Corporation: A Manifesto for Business Revolution* (New York: HarperCollins, 1993); Tom M. Hout and George Stalk, *Competing Against Time: How Time-Based Competition Is Reshaping Global Markets* (New York: Free Press, 1990).

13. Ron Nicol, "Shaping Up: The Delayered Outlook," *BCG Perspectives*, October 2004, www.bcgperspectives.com/content/articles/strategy_shaping_up_the_delayered_look/.

14. John P. Kotter, *Leading Change* (Boston: Harvard Business School Press, 1996); Jeanie D. Duck, *The Change Monster: The Human Forces That Fuel or Foil Corporate Transformation and Change* (New York: Three Rivers Press, 2001).

15. Clifford Krauss and John Schwartz, "BP Will Plead Guilty and Pay Over $4 Billion," *New York Times*, November 15, 2012, www.nytimes.com/2012/11/16/business/global/16iht-bp16.html.

16. Martin Reeves, Sandy Moose, and Thijs Venema, "BCG Classics Revisited: The Growth Share Matrix," *BCG Perspectives*, June 2014, www.bcgperspectives.com/content/articles/corporate_strategy_portfolio_management_strategic_planning_growth_share_matrix_bcg_classics_revisited/.

17. The discussion of Bausch & Lomb and Forest Laboratories throughout this book comes from Brent Saunders (Bausch & Lomb CEO), interviews with authors, March 2014, and is supplemented by other sources where indicated.

18. Matthew Herper, "$9 Billion Bausch & Lomb Sale Mints New Turnaround Artist," *Forbes*, May 27, 2013, www.forbes.com/sites/matthewherper/2013/05/27/9-billion-bausch-lomb-sale-mints-new-turnaround-artist/; United Securities and Exchange Commission, Form S-1 Registration Statement (Washington, DC: 2013).

19. Bausch & Lomb, "Investor Relations," Our Company, August 5, 2013, www.bausch.com/our-company/investor-relations#.VByPDstOW70.

20. Martin Reeves et al., "Lean, but Not Yet Mean: Why Transformation Needs a Second Chapter," *BCG Perspectives*, October 2013, www.bcgperspectives.com/content/articles/transformation_growth_why_transformation_needs_second_chapter_lean_not_yet_mean/. Note: For our study we looked closely at transformation programs using a method of paired historical comparison, an approach that eliminates interesting but irrelevant details and zeroes in on the key factors that separate success from failure. We looked at a dozen pairs of companies, each in the same industry and facing similar challenges at similar times.

21. Ibid.

22. Martin Reeves, Knut Haanaes, and Kaelin Goulet, "Turning Around the Successful Company," *BCG Perspectives*, December 2013, www.bcgperspectives.com/content/articles/transformation_large_scale_change_growth_turning_around_successful_company/.

23. This discussion of Kodak comes from a series of interviews and e-mail correspondence by the authors between May and June 2014 with leaders of Kodak's corporate communications department and is supplemented by various other sources such as Giovanni Gavetti, Rebecca Henderson, Simon Giorgi, "Kodak and the Digital Revolution (A)," Case 705448 (Boston: Harvard Business School, 2005); Robert J. Dolan, "Eastman Kodak Co.," Case 599106 (Boston: Harvard Business School, 1999); A. Cheerla, "Kodak — A Case of Triumph & Failure" (2010), http://www.managedecisions.com/blog/?p=444; and Steve Hamm, Louise Lee, and Spencer E. Ante, "Kodak's Moment of Truth," *BusinessWeek*, February 18, 2007, http://www.businessweek.com/stories/2007-02-18/kodaks-moment-of-

truth.

24. "Marc Faber: We Could Have a Crash Like in 1987 This Fall! Here's Why," *Before It's News*, May 12, 2012, http://beforeitsnews.com/gold-and-precious-metals/2012/05/marc-faber-we-could-have-a-crash-like-in-1987-this-fall-heres-why-2129176.html.

25. "Fortune 500: 2008," *Fortune*, September 18, 2014, http://fortune.com/fortune500/2008/wal-mart-stores-inc-1/. The discussion of AIG throughout this book comes from Peter Hancock (AIG CEO), interview with authors, April 2014, and is supplemented by other sources where indicated.

26. Matthew Karnitschnig, "U.S. to Take Over AIG in $85 Billion Bailout; Central Banks Inject Cash as Credit Dries Up," *Wall Street Journal*, September 16, 2008, http://online.wsj.com/news/articles/SB122156561931242905; Leslie P. Norton, "The Man Who Saved AIG," *Barrons*, August 11, 2012, http://online.barrons.com/news/articles/SB50001424053111904239304577575214205090528#articleTabs_article%3D1.

27. Jody Shenn and Zachary Tracer, "Federal Reserve Says AIG, Bear Stearns Rescue Loans Paid," *Bloomberg*, June 14, 2012, www.bloomberg.com/news/2012-06-14/new-york-fed-says-aig-bear-stearns-rescue-loans-fully-repaid.html.

28. American International Group, "Annual Report," 2013, 5.

29. Stuart Read et al., *Effectual Entrepreneurship* (New York: Routledge, 2011).

30. BCG, "DICE: How to Beat the Odds in Program Execution," August 2014.

31. Perry Keenan et al., "Strategic Initiative Management: The PMO Imperative," *BCG Perspectives*, November 2013, www.bcgperspectives.com/content/articles/program_management_change_management_strategic_initiative_management_pmo_imperative/.

32. Mike Sager, "What I've Learned: Andy Grove," *Esquire*, May 1, 2000, www.esquire.com/features/what-ive-learned/learned-andy-grove-0500.

33. For One AIG identity, see Bloomberg, "AIG's Bob Benmosche Memo to Employees," *Newsarchive*, September 17, 2014, www.bloomberg.com/bb/newsarchive/aWbEUgKiZLNM.html. For return of brand name, see American International Group, "AIG Returns Core Insurance Operations to AIG Brand, Reveals New Brand Promise," *Business Wire*, November 11, 2012, www.businesswire.com/news/home/20121111005039/en/AIG-Returns-Core-Insurance-Operations-AIG-Brand#.VBypRMtOW71.

第七章

1. Hugh Johnston, "Geared for Growth," PepsiCo website, February 21, 2013, www.pepsico.com/Download/CAGNY_Webdeck.pdf. The discussion of PepsiCo throughout this book comes from Indra Nooyi (PepsiCo CEO), interview with authors, April 2014, and is supplemented by other sources where indicated.

2. Ted Cooper, "PepsiCo Shows Why Frito-Lay and Pepsi Are Better Together," Investing Commentary, *Motley Fool*, January 15, 2014, www.fool.com/investing/general/2014/01/15/heres-why-pepsico-is-positioned-better-for-2014-th.aspx; PepsiCo, "Quick Facts," PepsiCo website, August 22, 2013, www.pepsico.com/Download/PepsiCo_Quick_Facts.pdf.

3. PepsiCo, "Annual Report 2012," 2012, 24.

4. James G. March, "Exploration and Exploitation in Organizational Learning," *Organization Science* 2, no. 1 (1991): 71–87; Michael L. Tushman and Charles A. O'Reilly III, "Ambidextrous Organizations: Managing Evolutionary and Revolutionary Change," *California Management Review* 38, no. 4 (1996): 8–30.

5. Julian Birkinshaw and Christina Gibson, "Building Ambidexterity into an Organization," *MIT Sloan Management Review*, summer 2004.

6. Martin Reeves et al., "The Evolvable Enterprise: Lessons from the New Technology Giants," *BCG Perspectives*, February 2014, www.bcgperspectives.com/content/articles/future_strategy_business_unit_strategy_evolvable_enterprise_lessons_new_technology_giants/; Martin Reeves and Jussi Lehtinen, "The Ingenious Enterprise: Competing Amid Rising Complexity," *BCG Perspectives*, May 2013, www.bcgperspectives.com/content/articles/growth_business_unit_strategy_ingenious_enterprise_competing_amid_rising_complexity/.

7. Martin Reeves, Claire Love, and Nishant Mathur, "The Most Adaptive Companies 2012: Winning in an Age of Turbulence," *BCG Perspectives*, August 2012. Adaptive companies are defined as outperforming in 75 percent of turbulent and stable periods or 30 percent of all turbulent quarters. Outperformance calculation is based on market cap growth relative to industry-average growth. The analysis looked at US public companies between 1960 and 2011 and is based on Compustat data.

8. Martin Reeves et al., "Ambidexterity: The Art of Thriving in Complex Environments," *BCG Perspectives*, February 2013, www.bcgperspectives.com/content/articles/business_unit_strategy_growth_ambidexterity_art_of_thriving_in_complex_environments/.

9. Lockheed Martin, "Skunk Works® Origin Story," *Aeronautics*, May 7, 2014, www. lockheedmartin.com/us/aeronautics/skunkworks/origin.html.

10. Joe Clifford, "Toyota's Skunkworks Plug-in Hybrid Sports Car," *Toyota* (blog), January 28, 2014, http://blog.toyota.co.uk/toyotas-skunkworks-plug-in-hybrid-sports-car#.VCBnsstOW70.

11. This discussion of Towers Watson comes from John Haley (Towers Watson CEO), interview with authors, February 2014, and is supplemented by other sources where indicated.

12. Julia Cooper, "Towers Watson, Mercer Lead Largest Benefits Consulting Firms," *San Francisco Business Times*, July 11, 2014, www.bizjournals.com/sanfrancisco/subscriber-only/2014/07/11/benefits-consulting-firms-2014.html.

13. Towers Watson, "Annual Report 2012," 2012, 15.

14. Christopher Lawton, "TV Sellers Are Thinking Big," *Wall Street Journal*, November 20, 2007, http://online.wsj.com/news/articles/SB119551914597698572.

15. Corning, "CEO: 'Corning Is Built for Longevity,'" press release, April 29, 2014, www.corning.com/news_center/news_releases/2014/2014042901.aspx.

16. Ben Dobbin, "Gorilla Glass, 1962 Invention, Poised to Be Big Seller for Corning," *Huffington Post*, February 10, 2010, www.huffingtonpost.com/2010/08/02/gorilla-glass-1962-invent_n_667416.html.

17. Seth Weintraub, "Apple Acknowledges Use of Corning Gorilla Glass on iPhone, Means Gorilla Glass 2 Likely for iPhone 5," *9to5Mac*, March 2, 2012, http://9to5mac.com/2012/03/02/apple-acknowledges-use-of-corning-gorilla-glass-on-iphone-means-gorilla-glass-2-likely-for-iphone-5/; Bryan Gardiner, "Glass Works: How Corning Created the Ultrathin, Ultrastrong Material of the Future," *Wired*, September 24, 2012, www.wired.com/2012/09/ff-corning-gorilla-glass/all/.

18. Corning corporate communications department, e-mail message to authors, July 29, 2014.

19. Corning, "Corning Launches Ultra-Slim Flexible Glass," press release, June 4, 2012, www.corning.com/news_center/news_releases/2012/2012060401.aspx.

20. Haier Group, "Haier Ranked the #1 Global Major Appliances Brand for 4th Consecutive Year — Euromonitor," *Reuters*, December 24, 2012, www.reuters.com/article/2012/12/24/haier-ranked-first-idUSnPnCN34281+160+PRN20121224. This discussion of Haier comes from written correspondence by authors with Haier senior management in June 2014 and is supplemented by other sources where indicated.

21. Haier Group, "Haier: The Evolution of You," Haier website, accessed May 8, 2014, www.haier.com/us/about-haier/201305/P020130512352743920958.pdf.

22. Lao-Tzu, "The Tao-te Ching," May 11, 2014, http://classics.mit.edu/Lao/taote.1.1.html.（按：老子《道德經》）

23. Ruimin Zhang, "Raising Haier," *Harvard Business Review*, February 2007.

24. Ibid.

25. Haier corporate communications department, e-mail message to authors, June 13, 2014.

26. Lance Whitney, "iPhone 6 Images Reportedly from Foxconn Reveal Larger Body," *CNET*, May 12, 2014, www.cnet.com/news/iphone-6-renders-reportedly-from-foxconn-reveal-larger-body/; Allan Yogasingam, "Teardown: Inside the Apple iPhone 5," *EDN Network*, September 21, 2012, www.edn.com/design/consumer/4396870/Teardown--Inside-the-Apple-iPhone-5.

第八章

1. Pfizer, "To Our Shareholders," CEO letter, February 28, 2014, www.pfizer.com/files/investors/financial_reports/annual_reports/2013/letter.htm; Pfizer, "Annual Report 2011," 2011, and"Annual Report 2013," 2013; Simon King, "The Best Selling Drugs Since 1996: Why AbbVie's Humira Is Set to Eclipse Pfizer's Lipitor," *Forbes*, July 15, 2010, www.forbes.com/sites/simonking/2013/07/15/the-best-selling-drugs-since-1996-why-abbvies-humira-is-set-to-eclipse-pfizers-lipitor/; Yahoo!, "Historical Prices: Pfizer Inc. (PFE)," *Yahoo! Finance*, September 17, 2014, https://uk.finance.yahoo.com/q/hp?s=PFE&a=00&b=1&c=2000&d=11&e=30&f=2000&g=d&z=66&y=66.

2. Pfizer, "Annual Report 2013," 2, 8.

3. Pfizer, "R&D Collaborations," Annual Review 2013, May 13, 2014, www.pfizer.com/files/investors/financial_reports/annual_reports/2013/assets/pdfs/pfizer_13ar_i_collaborate.pdf.

4. Pfizer, "To Our Shareholders"; Pfizer, "To Our Stakeholders," CEO letter, February 28, 2013, www.pfizer.com/files/investors/financial_reports/annual_reports/2012/letter.html; Andrew Ward, "Pfizer Break-up May Follow AstraZeneca Deal," *Financial Times*, May 4, 2014, www.ft.com/intl/cms/s/0/ba383d00-d399-11e3-b0be-00144feabdc0.html?siteedition=intl#axzz31X8zJqbT.

5. Bruce Henderson, "Why Change Is So Difficult," *BCG Perspectives*, 1968, www.bcgperspectives.com/content/Classics/why_change_is_so_difficult/.

6. Dow Jones Newswires, "AIG's Benmosche Pushes on Bid to Buy Bonds," *Wall Street Journal*, March 23, 2011, http://online.wsj.com/news/articles/SB1000142405 2748704050204576218401104973260.

7. US Department of the Treasury, "Treasury Sells Final Shares of AIG Common Stock, Positive Return on Overall AIG Commitment Reaches $22.7 Billion," Press Center, November 12, 2011, www.treasury.gov/press-center/press-releases/Pages/ tg1796.aspx.

8. Erik Holm, "Hoping to Strike Profit Gold, AIG Ramps Up in Data Mining," *Wall Street Journal*, October 15, 2012, http://online.wsj.com/news/articles/SB100008723 96390444799904578052591860897244.

致謝

　　本書是我服務的波士頓顧問公司內外通力合作的結果。我們真誠感謝所有為此書做出貢獻的人。

　　我們要特別感謝波士頓顧問公司策略智庫（BCG Strategy Institute，現為BCG Henderson Institute，簡稱BHI）大使凱琳・古利特（Kaelin Gouket）與韋岱思（Thijs Velema），他們在一年的時間內，不辭勞苦，無私奉獻，構思、舉例、採訪並分析，為本書打下基礎。沒有他們的偉大奉獻和通力合作，這個專案就不會成功。

　　我們同樣要感謝BCG策略智庫其他各位為本書做出貢獻的大使，克萊兒・拉芙（Claire Love）撰寫發表在2012年9月號《哈佛商業評論》（*Harvard Business Review*）的文章〈你的策略有什麼策略〉（*Your Strategy Needs a Strategy*）。這篇文章正是本書的靈感來源，為本書奠定了概念基礎。喬治・維騰堡（George Wittenburg）建立了模擬模型，測試不同環境下各個策略的有效性，並構思設計了同類應用，從經驗角度模擬了不同策略。阿敏・文賈拉（Amin Venjara）負責應用程序的開發過程。湯馬斯・洛左斯基（Tomasz Mrozowski）、麗薩尼・普謝爾（Lisanne Pueschel）與管怡文（Caroline Guan）為本書製作插圖和分析，而巴蒂斯安・

柏格曼（Bastian Bergmann）負責耗時的許可證、編輯及收尾工作。其他策略研究所大使們幫助打下本書的概念基礎，包括尤西‧雷提南（Jussi Lehtinen，演算法策略）；尼尚特‧馬瑟（Nishant Mathur）、查理斯‧亨德倫（Charles Hendren）、馬特‧史塔克（Matt Stack）、彼得‧格斯（Peter Goss）、Eugene Goh 與索菲亞‧埃利桑多（Sofia Elizondo）（適應型策略）；柴田彰（Akira Shibata）（策略風格調查及分析）；亞歷克斯‧伯恩哈特（Alex Bernhardt）（塑造型策略）；菲利浦‧斯科涅米格里歐（Filippo Scognamiglio）（再看經驗曲線）；裘蒂斯‧華倫斯坦（Judith Wallenstein）（策略的社會層面）與瑪雅‧賽義德（Maya Said）（適應型策略能力）。

　　我們也要感謝學術合作者，在整個過程中指導我們的思維。普林斯頓大學（Princeton University）的西蒙‧萊文（Simon Levin）教授幫助我們理解並學習生物學策略以及進化過程，支持我們為美國公司建立適應型優勢的索引。多倫多大學羅特曼管理學院（Rotman School, Toronto University）的米赫內亞‧摩爾多韋亞努（Mihnea Mokdoveanu）在共通啟發式演算法的思維方式為我們帶來了靈感，而且策略的演算法概念也是模擬機制的靈感來源。亞琛大學（University of Aachen）的菲利浦‧提曼斯（Philip Tillmans）也是本書雛型、發表在《哈佛商業評論》〈你的策略有什麼策略〉的共筆者。倫敦數學科學研究所（London Institute of Mathmatical Sciences）的湯瑪斯‧芬克（Thomas Fink）、羅馬大學（Rome University）的盧西亞諾‧皮羅內羅（Luciano Pietronero）以及羅格斯大學（Rutgers University）的凱恩‧尤西里（Can Uslay）也為我們的思維方式做出了重大貢獻。

　　我們也要特別感謝各位執行長和其他為了本書同意接受採訪的領

導者們，感謝他們分享了自己在不同情況下各種策略的經驗和見解：
湯姆・派克（Tom Pike，昆泰執行長）、丹尼斯・吉林斯（Dennis
Gillings，昆泰總裁兼創辦人）、安妮・沃西基（Anne Wojcicki，
23andMe 執行長）、吉姆・懷特赫斯特（Jim Whitehurst，紅帽執
行長）、史考特・斯奈德（Scott Snyder，Mobiquity 共同創辦人兼
執行長）、晏瑞德（Ian Read，輝瑞總裁兼執行長）、肯尼斯・錢
納特（Kenneth Chenault，美國運通執行長）、曾鳴（阿里巴巴策
略長）、希瑟・布雷施（Heather Bresch，邁蘭執行長）、何立傑
（John Haley，韜睿惠悅執行長）、盧英德（Indra Krishnamurthy
Nooyi，百事執行長）、陳哲（Natarajan Chandrasekaran，塔塔
顧問服務執行長）、彼得・漢考克（Peter Hancock，美國國際集團
〔AIG〕執行長）、布倫特・桑德斯（Brenton L. Saunders，博士倫執
行長）、郭平（華為副董事長兼輪值執行長）、保羅・麥克斯（Paul
S. Michaels，瑪氏執行長）、阿南德・馬恒達（Anand Mahindra，
馬恒達集團總裁）、喬恩・弗雷德里・巴克薩斯（Jon Fredrik
Baksaas，挪威電信〔Telenor〕執行長）。

我們要感謝波士頓顧問公司現在及之前的合作夥伴，他們之
前對出版物的貢獻，為本書開拓了道路。他們包括：麥克・戴姆
勒（Michael S. "Mike" Deimler）、榮・尼科爾（Ron Nicol）、李
敏（Rachel Lee）、伊夫・莫里厄（Yves Morieux）、陳慶麟（Ted
Chan）、羅斯林德・托瑞斯（Roselinde Torres）、麥克・沙納漢
（Mike Shanahan）、菲利浦・伊凡斯（Philip Evans）、喬治・斯托
克（George Stalk）、吉迪恩・沃爾特（Gideon Walter）、馬庫斯・
波克林克（Marcus Bokkerink）、羅伯・托林格（Rob Trollinger）、
桑迪・莫斯（Sandy Moose）與沃爾夫岡・蒂埃爾（Wolfgang

Thiel）。

此外，對為我們介紹本公司客戶支援研究的諸位，我們也要表示感謝：安德魯‧托馬（Andrew Toma）、湯姆‧瑞切特（Tom Reichert）、弗朗科斯‧坎德龍（François Candelon）、達格‧布恩蘭德（Dag Fredrik Bjørnland）、克雷格‧羅頓（Craig Lawton）、阿西姆‧施韋特利克（Achim Schwetlick）、格蘭特‧弗里蘭德（Grant Freeland）、莎倫‧馬希爾（Sharon Marcil）、維克拉姆‧布哈（Vikram Bhalla），與羅斯林德‧托瑞斯（Roselinde Torres）。

我們還要感謝BCG前任及現任執行長，感謝他們的鼓勵與幫助，幫助我們解決過程中的困難：卡爾‧斯特恩（Carl Stern）、漢斯‧保羅‧博克納（Hans-Paul Bürkner）與李瑞麒（Rich Lesser）。

感謝Harvard Business Review Press的朋友們，感謝他們的鼓勵，以及對專案專業且得心應手的管理，尤其要感謝我們的編輯梅琳達‧梅里諾（Melinda Merino）。我們也要感謝博納黛特‧赫茲（Bernadette Hertz），感謝他不辭勞苦地行政管理支持。

最後，我們要將本書獻給波士頓顧問公司創辦人布魯斯‧亨德森（Bruce Henderson，1915年4月30日至1992年7月20日），他是商業策略與策略管理顧問的先驅，也是塑造波士頓顧問公司和其他公司策略的思想基礎。 2015 年 4 月 30 日是亨德森先生的百歲誕辰，與我們出版本書英文版的時間基本上相同。我們希望自己的努力有所價值，能在亨德森先生無盡的財富上略添一筆。

（按：本文中的職稱皆為本書英文版完成時的頭銜）

作者簡介

馬丁‧瑞夫斯（Martin Reeves）

　　波士頓顧問公司（BCG）紐約辦公室資深合夥人兼董事總經理，BCG策略智庫（The BCG Henderson Institute，是BCG成立於2015年的研究機構，負責將商業世界之外的思想轉化為商業策略的框架與工具）負責人。

　　馬丁對於在商業策略制定過程中加入新思想貢獻卓著。2008年，他獲得提名為BCG董事，至今在策略問題領域發表了諸多著作及演講。馬丁將自己的時間一半用於研究，一半用於客戶服務。他感興趣的領域包括自我調整組織形式（self-tuning organization）、企業永續（corporeate longevity）、商品化（commoditization）、策略與永續發展（strategy and sustainability）、競爭優勢新基礎（new bases of competitive adavantage）、信託經濟學（the economics of trusts）、適應型策略（adaptive strategy）、管理捷思（managerial heuristics）等。

　　1989年，馬丁在倫敦加入BCG，之後調至BCG東京辦公室，領導BCG的日本醫療健康專案長達八年，並負責BCG全球客戶業務。在他的領導之下，開發無數策略與組織專案，客戶不僅涵蓋個人企業，還涵蓋全球的產業協會。

　　目前馬丁與妻子甄雅（Zhenya）生活在紐約，二人育有五名孩子：湯瑪斯（Thomas）、莫里斯（Morris）、亞力珊卓（Alexandra）、安娜斯塔西婭（Anastasia）、葉卡捷琳娜（Ekaterina）。

納特・漢拿斯（Knut Haanaes）

　　波士頓顧問公司（BCG）資深合夥人兼董事總經理，常駐日內瓦辦公室。他在BCG任職近十年，目前擔任BCG策略專項的全球領導人。

　　納特為多個產業及部門的客戶提供策略諮詢服務，重點領域涉及價值創造及成長。此外，納特對可持續發展也很有興趣，曾為世界經濟論壇（WEF，World Economic Forum）、世界野生動物基金會（WWF，World Wildlife Fund）等國際組織工作。他對於永續發展如何促進創新和新商業模式尤其感到興趣。納特同時也負責BCG與《麻省理工學院史隆管理評論》（*MIT Sloan Management Review*）雜誌在可持續策略上的合作研究領域的工作。納特在《哈佛商業評論》（*Harvard Business Review*）、《商業策略評論》（*Business Strategy Review*）、《應用公司財務雜誌》（*Journal of Applied Corporate Finance*）、《歐洲管理評論》（*European Management Review*），與《北歐管理評論》（*Scandinavian Management*

Review）等期刊雜誌上發表過二十多篇論文，並撰寫了多篇BCG報告。

此外，納特曾任挪威研究理事會的執行董事。也曾擔任BI挪威商學院（BI Norwegian Business School）副教授、瑞士洛桑管理學院（IMD，Institute for Management Development）的助理研究員。他的第一份工作是在位於巴黎的挪威大使館做貿易委員會實習生。納特在BI挪威商業學院獲得了經濟學碩士學位，並在哥本哈根商學院（Copenhagen Business School）獲得了策略學博士學位。此後，他曾在北歐組織研究財團（SCANCOR，Scandinavian Consortium for Organizational Research facilitates）的資助下，擔任史丹福大學（Stanford University）訪問學者。

納特與莎賓（Sabine）結婚，育有諾亞（Nora）、馬克沁（Maxim）二名孩子。

詹美賈亞・辛哈（Janmejaya Sinha）

波士頓顧問公司（BCG）亞太區主席，BCG全球執行委員會委員。

詹美賈亞與美國、英國、亞洲、澳洲及印度的客戶廣泛合作，工作領域涉及大型公司轉型、策略、管理、家族企業事務等。他加入過印度政府設立的多個委員會，也是印度央行（RBI，Reserve Bank of India）和印度銀行協會（IBA，Indian Banks' Association）的成員。目前，他是印度工業聯合會普惠金融委員會（CII，Confederation of Indian Industry's Committee on Financial

Inclusion）主席。

此外，詹美賈亞曾發表多篇文章，也經常在世界經濟論壇（World Economic Forum）印度工業聯合會（CII）、印度銀行協會、印度工商聯合會（FICCI，Federation of Indian Chambers of Commerce & Industry）、印度央行和其他媒體會議上發言。他是《擁有未來》（暫譯，原書名 *Own the Future: 50 Ways to Win from The Boston Consulting Group*）一書的合著者。詹美賈亞也曾在TED發表過主題為〈新興市場中實際正在發生什麼〉（*What's really happening in emerging markets*）的演講，該演講是TED與波士頓顧問公司共同策畫的系列演講之一。2010年，《顧問》雜誌（*Consulting*）提名詹美賈亞為「世界二十五位最具影響力的顧問」之一。

成為波士頓顧問公司的一員之前，詹美賈亞曾在印度央行的不同部門工作數年；也曾在世界銀行（World Bank）短期任職。

詹美賈亞擁有普林斯頓大學伍德羅・威爾遜公共與國際事務學院（Princeton University's Woodrow Wilson School of Public and International Affairs）博士學位、劍橋大學克雷爾學院（Clare College Cambridge University）經濟學學士與碩士學位，與德里大學聖史蒂芬學院（St. Stephen's College Delhi University）歷史學學士與碩士學位。

目前詹美賈亞與妻子瑪爾維卡（Malvika）生活在孟買。他有二名兒子，阿瑪迪亞（Amartya）和埃德維特（Advait）。

（按：作者職稱皆為本書英文版完成時的頭銜）

監譯者簡介

廖天舒（Carol Liao）

波士頓顧問公司（BCG）大中華區董事總經理、全球資深合夥人。哈佛大學商學院工商管理碩士和北京大學商法學士。

魏傑鴻（Jeff Walters）

波士頓顧問公司（BCG）全球合夥人兼董事總經理。史丹福大學電機工程碩士暨博士候選人、達特茅斯學院物理學學士。

徐瑞廷（JT Hsu）

波士頓顧問公司（BCG）全球合夥人兼董事總經理，BCG臺北辦公室負責人，BCG大中華區策略專案領導人。臺灣大學電子工程學學士、史丹福大學電子工程學碩士、聖塔克拉拉大學MBA。

圖表索引

國家圖書館出版品預行編目資料

策略選擇；掌握解決問題的過程,面對複雜多變的挑戰／馬
丁‧瑞夫斯(Martin Reeves), 納特‧漢拿斯(Knut Haanaes), 詹
美賈亞‧辛哈(Janmejaya Sinha)著；王喆, 韓陽譯. -- 初版. --
臺北市：經濟新潮社出版：家庭傳媒城邦分公司發行, 2017.08
面； 公分. --（經營管理；140）

譯自：Your strategy needs a strategy: how to choose and execute
　　　the right approach

ISBN 978-986-94410-8-7（平裝）

1.策略規劃　2.企業領導

494.1　　　　　　　　　　　　　　　　　　　106011253